OLTRE LA FRONTIERA
QUANTISTICA
"Una storia appassionante"

Massimo Auci

Titolo originale 2° edizione 2° revisione:
Oltre la Frontiera Quantistica
"Una storia appassionante"

©2010, *Massimo Auci*
ISBN 978-1-4457-2507-9

L'autore ringrazia la redazione di Gravità Zero
per la collaborazione passata, presente e futura.

Nota Biografica

Massimo Auci è nato a Roma il 24 febbraio 1955. Si è laureato in Fisica Cosmica nel 1981 presso l'Università di Torino, dove ha lavorato presso il Dipartimento di Fisica Generale svolgendo fino al 1995 didattica presso la facoltà di Scienze e ricerca in astrofisica sperimentale con il gruppo di astronomia neutrinica del CNR presso i laboratori del Monte Bianco e al CERN di Ginevra.

Dal 1982 si è dedicato a ricerche teoriche in elettrodinamica, pubblicando contributi scientifici sulle origini elettromagnetiche comuni della Meccanica Quantistica e della Teoria della Relatività. Nel 1999, con la pubblicazione sull'International Journal of Modern Physics B di quella che lo stesso autore chiama "Bridge Theory", ha inizio una vera e propria reinterpretazione in chiave elettromagnetica di tutta la fisica moderna.

Autore di libri di testo e saggi è science editor del portale di comunicazione e divulgazione scientifica "Gravità Zero" (www.gravita-zero.org).

Cofondatore di Odisseo Space, una società che opera nel settore della formazione e delle tecnologie in ambito spaziale di cui è vicepresidente, attualmente è docente presso la Scuola Internazionale Europea Statale di Torino.

Ai miei genitori

Prefazione

La scienza spesso ha difficoltà a rinnovarsi concettualmente, in quanto esiste una sorta di inerzia nell'abbandonare vecchie strade già collaudate per nuove strade ancora sconosciute. Le nuove idee a volte non vengono ben accolte, non perché sterili o inutili, ma perché estranee alla corrente di pensiero dominante dell'epoca. Nella storia della fisica poche sono state le idee che hanno introdotto novità nel pensiero scientifico. Scoperte del passato come quelle dovute a Keplero, Galileo, Newton, Einstein ed altri ancora, pur avendo contribuito in modo decisivo al progresso scientifico e filosofico, non si sono rivelate sempre verità assolute, ma piuttosto dei contributi eccezionali alla comprensione del mondo, dei tasselli di un puzzle che oggi siamo ancora ben lontani dall'aver completato. In questo racconto è narrata la storia vera di una scoperta che ha coinvolto e appassionato me ed altri colleghi, che con me hanno condiviso anni di lavoro e di passione per un'idea che pur non avendo introdotto verità rivoluzionarie e non appartenendo alle correnti di pensiero dominanti della nostra epoca, offre comunque una visione non standard dell'Universo in cui viviamo.

M. A.

Prefazione alla II Edizione e revisioni successive

Scrissi in italiano l'articolo originale "Oltre la frontiera quantistica" per pubblicarlo sul Nuovo Saggiatore, periodico di comunicazione scientifica della Società Italiana di Fisica. Ero stato invitato a farlo dalla commissione editoriale della rivista solo dopo aver dichiarato l'argomento che avrei trattato e aver presentato la necessaria bibliografia scientifica di riferimento. Dopo l'invio dell'articolo alla rivista nei tempi concordati, ricevetti un breve comunicato con il quale mi informavano che l'articolo non sarebbe stato pubblicato perché trattava argomenti di fisica non standard, quindi poco interessanti per i lettori della SIF. Non sapendo che farne, lo trasformai prima in dodici articoli divulgativi pubblicati con un certo successo di critica su Gravità Zero e poi in un e-book, che dato l'argomento molto particolare, ha avuto anche lui un indiscusso successo di critica e pubblico. A quel punto decisi di inviare l'articolo originale su arXiv.org, il portale per la ricerca scientifica della Cornell University. Nonostante l'articolo sia in italiano, attualmente è integrato in tutte le maggiori librerie digitali del mondo, come l'Astrophysical Data System della NASA e il Document Server del CERN e molte altre ancora. Ora si è trasformato in questo libro, una versione ampliata, aggiornata e rinfrescata, se pur rigorosa del precedente e-book. Un percorso scientifico e didattico, una storia coinvolgente, un libro il cui atto di nascita ha più di un perché. Oltre a quanto già illustrato nella prefazione originale al primo e-book, sono sempre stato convinto che la scienza debba essere di tutti e perché non sia troppo distante da chi di scienza non si occupa, occorre poter condividere idee, sapere, emozioni e benefici. Anche per questo motivo nasce questo libro, un libro di fisica ma anche una storia di vita, scienza e curiosità, una storia reale come reali sono i suoi personaggi, i successi e gli insuccessi ottenuti dalla "Bridge Theory": una teoria attuale e in evoluzione che prima di ogni altra cosa rappresenta una parte importante della mia vita. Non tutti sono però in condizioni di poter beneficiare del piacere della conoscenza, molti esseri lottano quotidianamente per la sopravvivenza e la scienza ben poco li aiuta, perciò chi ha comprato questo libro mi ha già aiutato in un progetto ben più importante della Bridge Theory; io lo chiamo "Progetto Tanzania", un progetto in favore dei bambini dell'orfanotrofio Kurasini di Dar es Salaam, specificatamente dedicato alla loro istruzione; un progetto che ho avviato in collaborazione con SOS bambino e che con l'aiuto di tutti voi mi piacerebbe completare, solo così la scienza potrà essere veramente di tutti e per tutti.

Per informazioni sul progetto Tanzania e donazioni consulta
http://adozioneadistanza.ning.com

M. A.

Indice dell'opera

1. - Il dualismo onda-particella……………………………………………….... 8

2. - La frontiera ………………………………………………………… 17

3. - La sorgente reale: il modello ……….…………………………………... 22

4. - L'origine della quantizzazione …………………………….................... 29

5. - Le costanti di Planck e di struttura fine ……………………………… 44

6. – I fisici "ortodossi" ………………………………………………… 52

7. - Il principio di indeterminazione ………………………………………… 55

8. - "Bridge Theory": l'inizio. Un ponte tra determinismo e indeterminismo …… 61

9. - Spin ed effetti superluminali in Bridge Theory ………………………… 69

10. - Effetti cosmologici: materia oscura e radiazione cosmica di fondo ………… 75

11. - Dalla Bridge Theory alla meccanica quantistica relativistica ……….……..83

12. - Il modello atomico ………………………………………………..89

13. - Lo sviluppo della Bridge Theory ………………………………... 94

14. – Conclusioni ……………………………………………………..97

Bibliografia Generale a tutto il 2011 …………………………………… 99

Spazio appunti ..…………………………………………………..100

Louis de Broglie

1. – Introduzione: il dualismo onda - particella

La ricerca della conoscenza e lo scontro tra differenti correnti di pensiero hanno sempre coinvolto scienziati e filosofi d'ogni tempo: così è stato anche per la grande disputa scientifica e filosofica avvenuta nel XX secolo tra determinismo relativistico e indeterminismo quantistico, cioè tra la capacità e l'incapacità per un osservatore di determinare la traiettoria e le caratteristiche dinamiche di una particella in movimento nello spazio.

Nata alla fine dell'ottocento ma sviluppatasi per tutto l'arco del novecento, la disputa tra determinismo e indeterminismo finì con il rivoluzionare definitivamente le conoscenze fisiche di un'epoca di profondi cambiamenti. Oggi le teorie classiche basate sul determinismo relativistico sono pienamente utilizzate in moltissimi ambiti della fisica teorica e sperimentale, costituendo persino un supporto sul quale si innesta l'indeterminismo delle teorie quantistiche contemporanee. Se da una parte l'uso congiunto di questi due approcci facilita il compito del fisico, in quanto l'uso sinergico dei questi due differenti modi di descrivere la materia rispecchia proprio la realtà, dall'altra parte crea fratture nella coerenza e nella continuità logica del pensiero scientifico e filosofico moderno impedendone la crescita.

Nei primi anni del novecento, la disputa tra determinismo e indeterminismo cominciava a fare tendenza anche nei migliori salotti della cultura scientifica e filosofica dell'epoca, estendendosi spesso anche ad ambiti molto differenti da quello in cui era originalmente nata.

In campo scientifico il problema non era però di

Albert Einstein

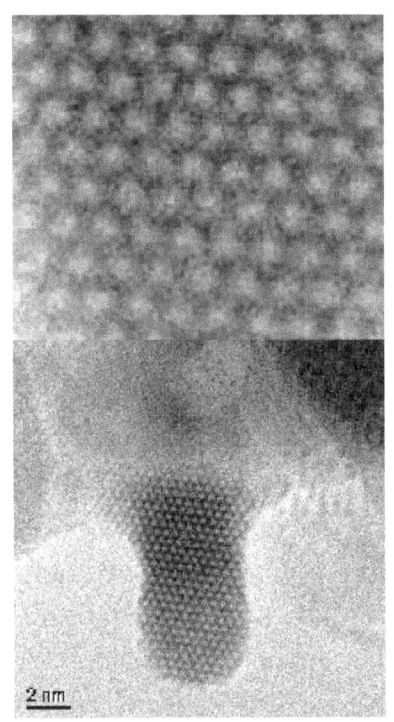

Atomi in una particella di Rutenio "visti" con un microscopio elettronico.

facile soluzione: se da una parte l'analisi dei nuovi risultati sperimentali suggeriva di considerare gli elettroni e tutte le altre particelle elementari che man mano la fisica sperimentale andava scoprendo, non come veri e propri "corpuscoli materiali" ma come "onde di materia", dall'altra risultati altrettanto nuovi conducevano a conclusioni del tutto opposte.

La crisi filosofica e concettuale raggiunse l'apice quando fu evidente l'impossibilità di trovare una spiegazione coerente a questo evidente dualismo, cioè quando l'incompatibilità tra il comportamento ondulatorio manifestato da una particella durante la propagazione da una regione ad un'altra dello spazio e quello corpuscolare al momento della sua rivelazione, sfociò nell'introduzione di un nuovo principio fisico che divenne ben presto una legge immutabile: il "dualismo onda-materia". Unica soluzione all'evidenza sperimentale, bizzarra ma efficace, il dualismo si adattava a meraviglia alle diverse realtà che in quei tempi gloriosi della storia della fisica "moderna" rapidamente si andavano delineando.

Procediamo con ordine. Proposto da Louis de Broglie nel 1924 a partire da considerazioni puramente teoriche, il dualismo onda-materia aveva lo scopo di estendere anche alle particelle elementari l'ipotesi proposta da Albert Einstein sul duplice carattere ondulatorio e corpuscolare della radiazione elettromagnetica. Nelle sue linee essenziali, il dualismo assegnava sia a luce e materia una particolare simultanea natura ondulatoria e materiale. Così quando le particelle di luce o materia si spostano, in realtà non si spostano da punto a punto seguendo una traiettoria continua, ovvero occupando successivamente ogni posizione dello spazio, ma si propagano da punto a punto sotto forma di onde, *elettromagnetiche* per

9

la luce e di *densità di probabilità di osservazione* in una certa regione dello spazio per la materia. Durante la fase di osservazione, quindi durante l'interazione con altre particelle elementari, come per esempio gli elettroni di un microscopio elettronico, la materia perde il comportamento ondulatorio manifestandosi invece come una particella, giustificando quindi per la propria descrizione l'uso simultaneo di teorie come la Relatività e la Meccanica Quantistica, tanto differenti da poter essere senza ombra di dubbio definite incompatibili.

Sin dal 1927, il dualismo proposto da Louis De Broglie fu sottoposto a severi test sperimentali utilizzando sia fasci di luce che di particelle elementari come di elettroni prima e di neutroni poi. I risultati sperimentali già allora alquanto strabilianti, confermarono sempre le due distinte nature della materia ed esperimento dopo esperimento comparivano nuovo fenomeni che si adattavano a descrivere ed avvalorare l'ipotesi del dualismo:

a) <u>Effetto fotoelettrico</u>: studiato teoricamente da Einstein nel 1905, consiste nell'emissione di elettroni liberi da parte di una superficie metallica quando è illuminata da un fascio di luce associato ad un'onda elettromagnetica con frequenza superiore ad un determinato valore di soglia. Il numero di elettroni emessi dipende solo dall'intensità del fascio e non dalla frequenza. L'effetto venne spiegato da Einstein in termini quantistici ipotizzando che la luce trasporti energia tramite un gran numero di corpuscoli detti fotoni o quanti, ciascuno con un'energia e una quantità di moto definita dalla frequenza caratteristica dell'onda che li governa. Energia e quantità di moto di ciascun fotone sono cedute agli elettroni che popolano la banda di conduzione del metallo e

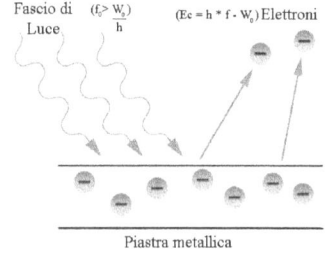

L'effetto fotoelettrico è stato studiato da Albert Einstein e per la sua spiegazione ha avuto il Premio Nobel nel 1921.

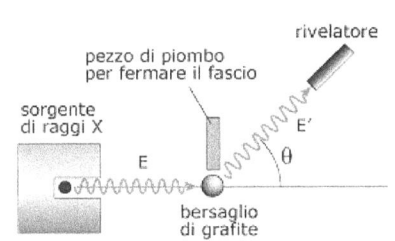

Apparato per lo studio dell'effetto Compton.

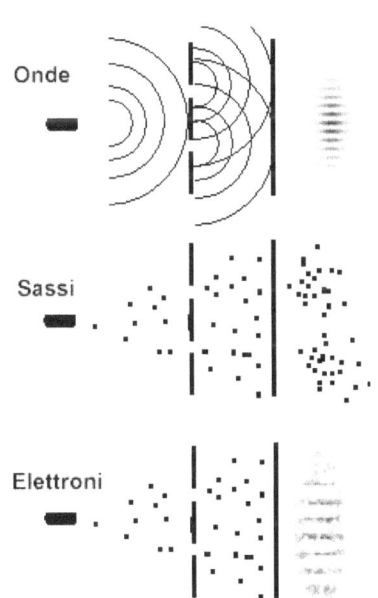

Nel caso di un fascio di elettroni il risultato sperimentale si accorda sia con il comportamento ondulatorio che corpuscolare.

se l'energia assorbita dai singoli elettroni è sufficiente a colmare la buca di potenziale che caratterizza la loro energia di estrazione, l'elettrone può avere sufficiente energia cinetica per abbandonare la superficie del metallo. Ciò però accade solo a frequenze luminose corrispondenti ad energie del fotone superiori a quella di legame.

b) L'effetto Compton: scoperto nel 1923, riguarda la diffusione di un fascio monocromatico di radiazione X durante l'attraversamento di un bersaglio sottile di grafite. Una parte del fascio X viene trasmessa in avanti oltre il bersaglio, mentre una parte viene diffusa ad angoli e intensità differenti in funzione dell'angolo di osservazione. Compton evidenziò che la luce si comporta come se fosse composta da particelle materiali che urtando sugli elettroni della grafite, rimbalzano perdendo energia e quantità di moto proprio come farebbero delle palle da tennis contro un bersaglio.

c) Doppia fenditura: l'analisi dell'immagine di diffrazione prodotta nella sovrapposizione di due fasci secondari di luce o di elettroni di uguale energia, generati suddividendo con due fenditure gemelle poste a piccolissima distanza l'una dall'altra un fascio primario prodotto dalla medesima sorgente, mostrò indipendentemente dalla natura del fascio usato e dalla sua intensità, la formazione di una figura di interferenza tipica della sovrapposizione di due onde di uguale lunghezza d'onda e frequenza. La figura, ottenuta con due fenditure parallele, mostra una successione di bande chiare e scure tipica del fenomeno di interferenza tra onde, quindi giustificabile solo assumendo che la luce o la materia che compone il fascio si propaghi nello spazio non sotto forma di corpuscoli materiali che si comporterebbero come dei sassolini lanciati

11

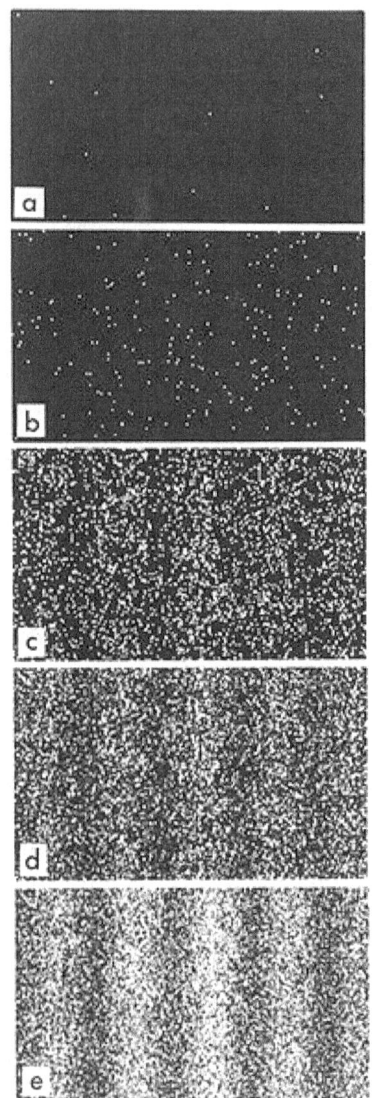

Figura d'interferenza di elettroni. Gli impatti elettronici si accumulano dando origine alle tipiche bande chiare oscure dell'interferenza.

attraverso le due fenditure, ma sotto forma di onde che sovrapponendosi in concordanza o in opposizione di fase si sommano o si cancellano. D'altra parte, riducendo l'intensità del fascio primario a valori prossimi allo zero, lo schermo evidenzia comunque con un tempo di esposizione molto più lungo la formazione della figura d'interferenza come una sovrapposizione di un numero crescente di singoli impatti puntiformi, tipici però di una natura corpuscolare e non certo ondulatoria del fascio primario.

Mentre gli effetti descritti negli esperimenti ai punti (a) e (b) sono coerenti con il principio di quantizzazione dell'energia introdotto da Max Planck nel 1900, secondo cui l'energia non varia con continuità perché trasportata da quantità discrete proporzionali alla frequenza dell'onda emessa, il risultato sperimentale descritto nell'esperimento (c) mette in evidenza per luce e materia, almeno durante la fase di propagazione di un fascio nello spazio, un'identica natura ondulatoria, mostrando un comportamento corpuscolare solo al momento della rivelazione su una lastra fotografica o su uno schermo delle particelle elementari o della luce: il dualismo onda-materia proposto da Louis De Broglie è una realtà.

L'immagine qui a fianco mette in evidenza il tipico comportamento ondulatorio caratterizzato da bande chiare e scure ottenuto però come sovrapposizione nel tempo di singoli impatti. Sino ad oggi tutti gli esperimenti, anche i più sofisticati condotti in epoca attuale, hanno sempre confermato il dualismo, costringendo la fisica ad accettare oltre ogni possibile e ragionevole dubbio quantizzazione e dualismo come principi fondanti del moderno pensiero quantistico e di ogni suo ulteriore sviluppo contemporaneo.

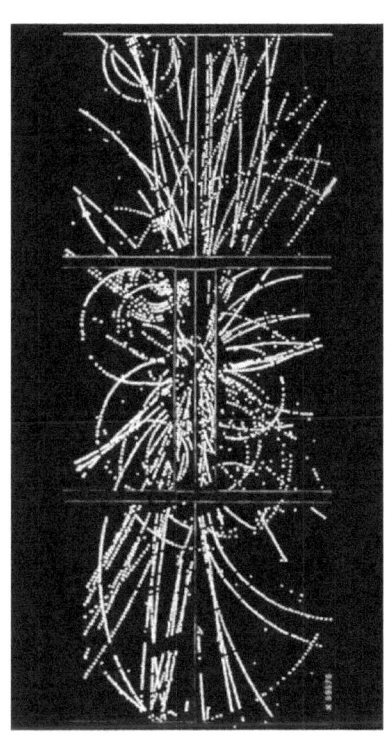

Tracce di particelle in un rivelatore: la traccia caratterizza il comportamento locale deterministico della particella.

Nel 1983, quindi in epoca relativamente recente anche se ben cinquantanove anni dopo la pubblicazione del suo lavoro sul dualismo, Louis de Broglie ormai al termine della vita († *19 marzo 1987*), in occasione della scrittura di un articolo monografico per "Histoire Générale des Sciences" scrisse: "*… lo scopo essenziale (…) era arrivare ad una teoria sintetica delle onde e della materia, in cui i corpuscoli apparissero come un comportamento particolare di una struttura ondulatoria, controllati dalla sua propagazione (…), alcuni indizi suggerivano proprio questa via: la teoria di Hamilton-Jacobi, sviluppata (…) nel quadro della meccanica analitica classica, sembrava indicare una stretta parentela fra i moti dei punti materiali e la propagazione di un'onda; l'intervento dei numeri interi nelle formule di quantizzazione della vecchia teoria dei quanti facevano pensare che fenomeni di interferenza o di risonanza intervenissero nella stabilità dei moti degli elettroni atomici ecc. Fu ispirandomi a queste particolarità che potei gettare le prime basi della meccanica ondulatoria e ottenere con l'aiuto di concetti relativistici, le relazioni che legano l'energia e la quantità di moto di un corpuscolo alla frequenza e lunghezza (…) dell'onda che le ipotesi della meccanica ondulatoria portavano ad associargli…*". Se da una parte è ragionevole pensare che nel primo quarto del 900', un'epoca di forti mutamenti del pensiero scientifico e di transizione tra il determinismo classico e l'indeterminismo dei fenomeni ondulatori, Louis de Broglie non potesse o non volesse fare a meno di affrontare lo studio della nuovissima fenomenologia quantistica senza passare per la strada della mediazione tra le teorie più attuali, brillanti e concettualmente incompatibili della sua epoca, dall'altra in queste note sembra trasparire un po' di disagio per l'attuale consapevolezza dell'incompatibilità concettuale e formale delle teorie utilizzate per formulare il dualismo, vale a dire per la palese incompatibilità tra Relatività e Meccanica Quantistica.

In termini fenomenologici il problema della compatibilità tra le due teorie emerge soprattutto nei confronti della località spaziale di un corpuscolo di materia in contrapposizione con la non località dell'onda che lo descrive, un contrasto che costrinse la fisica e i fisici ad accettare già nel 1927, per mezzo dei lavori di Niels Bohr e Werner Karl Heisenberg, una nuova e sconvolgente interpretazione della nuova realtà fisica. *L'interpretazione di Copenaghen*, alla pari di un dogma della fede, riuscì ad imporre il dualismo come l'unica strada possibile per comprendere e descrivere i fenomeni quantistici, impedendo però a chiunque, pena il marchio di eretico, di tentare di darne una differente interpretazione.

John Stewart Bell

Solo un anno dopo l'articolo di de Broglie su "Histoire Générale des Sciences", in occasione di un convegno di Meccanica Quantistica tenutosi ad Amalfi, John Bell autore dell'omonima *"disuguaglianza"* a cui era stato affidato il compito di concludere con un intervento il convegno disse: *"... siamo in presenza di una evidente profonda incompatibilità tra i due pilastri su cui si basa la scienza contemporanea, (la Teoria della Relatività e la Meccanica Quantistica). Attendo con impazienza le tavole rotonde in cui si lasceranno da parte gli sconvolgenti dettagli tecnici degli ultimi sviluppi, per riflettere su questa strana situazione. Forse una vera sintesi tra la Meccanica Quantistica e la Teoria della Relatività non ha bisogno solo di progresso tecnico ma di un radicale rinnovamento concettuale."* Personalmente non mi stupirei per nulla se tale rinnovamento avesse radici proprio nel teorema scoperto dello stesso Bell. Infatti, il teorema dimostra come due particelle correlate per nascita, continuino ad esserlo indipendentemente dalla distanza che le separa. Supponiamo di avere un sistema con due particelle, per esempio due elettroni di spin opposto, uno up (rotazione destra) e uno down (rotazione sinistra), correlate tra loro per effetto del meccanismo con cui è stata realizzata questa particolare caratteristica. Utilizzando ora un campo magnetico per modificare l'orientamento dello spin di una delle due particelle, simultaneamente anche lo spin dell'altra si modificherà di conseguenza nella direzione opposta e tutto ciò indipendentemente dalla distanza effettiva che separa le due particelle. Questo risultato apparentemente sconcertante è stato però confermato da due esperimenti storici, il primo eseguito nel 1972 da John Clauser e Stuart Freedman negli Stati Uniti e il secondo nel 1981 da A. Aspect, P. Grangier e C. Roger al CERN (*Consiglio Europeo per la Ricerca Nucleare*).

Per quanto possa apparire inconcepibile per le nostre conoscenze, sembra esistere una forma di comunicazione istantanea tra le due particelle, se si modifica lo spin o la polarizzazione di una, anche lo spin o la polarizzazione dell'altra cambia di conseguenza. Il concetto di cambiamento "istantaneo" implicherebbe però l'esistenza di una forma di comunicazione "superluminale" a velocità infinita tra le particelle, fenomeno assolutamente non compatibile con il principio fondamentale della Relatività, secondo il quale la velocità della luce, circa trecentomila chilometri al secondo, è un limite invalicabile in ogni processo che coinvolge trasmissione di energia. D'altra parte la comunicazione superluminale tra le particelle e i fotoni è alla base di tutti gli attualissimi esperimenti di teletrasporto della materia, nei quali mediante il processo di intrappolamento, *"entanglement"*, è possibile

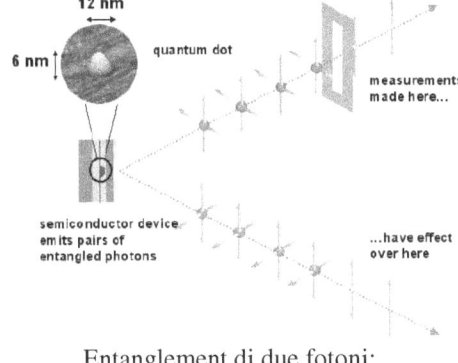

Entanglement di due fotoni: polarizzando un elettrone anche l'altro si polarizza di conseguenza.

replicare a distanza fotoni, particelle e atomi, distruggendo gli originali e ricreandone altri in un altro luogo con le medesime caratteristiche. Un fenomeno quello della superluminalità che Albert Einstein, sempre alquanto scettico, si divertiva a deridere definendolo *una fantomatica azione a distanza.*

La rottura concettuale e fenomenologica tra fisica relativistica e fisica quantistica prodotta dal dualismo onda-materia è perciò un sicuro elemento di disturbo nel quadro della fisica contemporanea, ma può essere anche la frontiera tra il mondo microscopico obbediente alle leggi della meccanica quantistica e il mondo macroscopico governato dalle leggi della meccanica classica, dell'elettromagnetismo e dalla gravità, un sipario che nasconde la vera natura della materia. La sfida di questi anni di lavoro è stata trovare questa frontiera e abbatterla.

מ מ מ

2. – La frontiera

Charles-Augustin de Coulomb

Alessandro Volta

James Clerk Maxwell

Nella teoria elettromagnetica classica, per intenderci quella sviluppata nel periodo che va dal 600' fino alla fine dell'800' da scienziati come Coulomb, Volta e tanti altri sino ad arrivare a James Clerk Maxwell, una coppia di cariche di segno opposto realizza un dipolo, cioè il sistema complesso più elementare di cariche in interazione, la più semplice delle sorgenti di onde elettromagnetiche. Lo studio di un dipolo può essere affrontato a vari livelli di complessità. Solitamente si prende in considerazione una coppia di cariche in moto relativo poste ad una certa distanza senza porsi il problema delle effettive condizioni dinamiche: energia, quantità di moto e traiettorie delle particelle interagenti.

Per analizzare l'emissione elettromagnetica di una sorgente di dipolo possiamo considerare come variabili fondamentali del modello fisico l'estensione spaziale della sorgente, determinata dalla distanza di interazione tra le cariche e la distanza di un osservatore (*corrispondente con il sistema del laboratorio*) rispetto al centro ottico della sorgente. Immaginiamo di muoverci dal centro della sorgente verso l'esterno, al crescere della distanza di osservazione si possono distinguere in base alle caratteristiche del campo elettromagnetico tre distinte regioni:

A) <u>una regione "vicina"</u>. Questa racchiude la zona di spazio compresa tra le cariche che formano il dipolo e il primo fronte dell'onda elettromagnetica emessa dalla sorgente;

B) <u>una regione di induzione</u>, a distanza dell'ordine della lunghezza d'onda di emissione dal centro, nella quale oltre al campo elettrico è presente un campo magnetico;

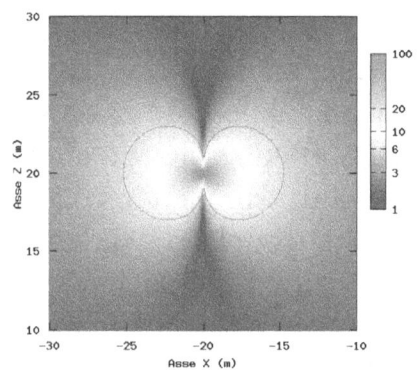

Dipolo elettrico. Rappresentazione in scala cromatica del campo elettrico nell'intorno di un dipolo.

C) <u>una regione di radiazione</u>, per distanze più grandi di una lunghezza d'onda.

Un osservatore si trova per definizione nella regione di radiazione (C) di un qualunque dipolo microscopico ed è in grado di percepire e misurare, in base alle condizioni dinamiche che determinano il moto delle cariche, l'emissione di qualunque impulso od onda elettromagnetica; nulla però si può dire per le regioni (A) e (B), troppo piccole perché sia possibile per l'osservatore effettuare delle misurazioni strumentali. Per poter misurare le caratteristiche del campo elettromagnetico associato al segnale della sorgente di dipolo nella regione (B), occorre che la lunghezza d'onda della sorgente sia abbastanza grande da contenere l'osservatore o l'osservatore abbastanza piccolo da essere contenuto nella sorgente. Date le dimensioni solitamente microscopiche di un dipolo formato da due particelle elementari cariche di segno opposto, per poter fare delle misurazioni nella regione (B) occorre che la lunghezza d'onda sia molto più grande della reciproca distanza d'interazione e che il moto relativo tra le particelle sia talmente lento (*quindi molto poco energetico*) da poter essere considerato trascurabile come accade in un dipolo statico. In questo caso l'onda elettromagnetica ha una lunghezza sufficientemente grande da poter contenere un osservatore e il volume occupato dalla sorgente è sufficientemente piccolo da poter essere trascurabile rispetto a quello occupato dall'onda sferica prodotta dalla sorgente. In queste condizioni l'estensione spaziale può essere trascurata e la sorgente può essere considerata "puntiforme", solo in questo caso il campo che la circonda ha simmetria sferica e l'energia prodotta è istantaneamente emessa.

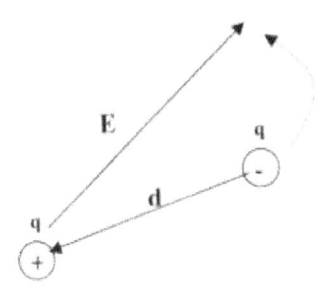

Schema di una sorgente dipolare

In realtà un dipolo elettromagnetico non è né puntiforme né statico e l'onda emessa non è a simmetria sferica (*stessa intensità in tutte le direzioni*), bensì è a simmetria cilindrica, cioè emette con la stessa intensità solo in direzioni simmetriche rispetto *all'asse di dipolo*, il segmento ideale che congiunge le due cariche. Solo nel caso in cui la lunghezza d'onda della sorgente è grande rispetto alla distanza d'interazione tra le cariche, lo scarto tra le simmetrie cilindrica e sferica diventa trascurabile (*caso della sorgente puntiforme*), in ogni altro caso il campo che circonda la sorgente è a simmetria cilindrica e il dipolo non è in grado di emettere istantaneamente tutta l'energia e la quantità di moto prodotte durante l'interazione, cosa che invece farebbe se fosse a simmetria sferica.

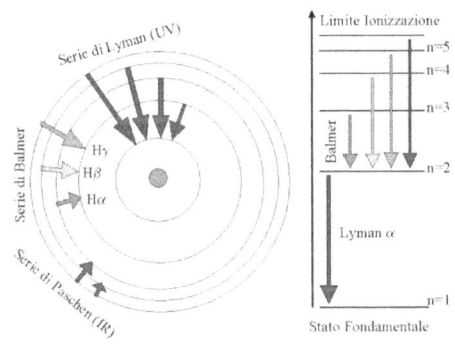

Schema semplificato di salto quantico prodotto dall'assorbimento da parte dell'atomo di un fotone con la relativa formazione delle righe spettrali.

All'epoca dei miei studi universitari mi incuriosì il fatto che nonostante l'atomo di idrogeno possa essere considerato un dipolo con una distanza d'interazione determinata dalla distanza fondamentale tra nucleo (*protone*) ed elettrone, il comportamento durante la fase emissiva è differente da quello di un dipolo classico. Infatti, negli atomi eccitati da un campo elettromagnetico esterno, l'elettrone si allontana dal nucleo disponendosi ad una distanza maggiore non per valori qualunque di energia e quantità di moto assorbiti, ma solo per determinati valori energetici. Durante la fase di transizione dallo stato eccitato a quello fondamentale, l'atomo emette nuovamente l'energia e la quantità di moto assorbite in eccesso mediante l'emissione di un quanto che media lo scambio di energia e quantità di moto tra campo elettromagnetico e materia. L'emissione non modifica né la carica né la massa delle particelle interagenti.

Stando a quanto già detto per il dipolo classico, anche l'atomo, essendo un dipolo, avrebbe dovuto comportarsi come una sorgente elettromagnetica macroscopica ed emettere come classicamente ci si aspetta un'onda con energia proporzionale al quadrato dell'ampiezza del campo elettrico che lo ha eccitato. Invece no, gli assorbimenti e le emissioni di energia e quantità di moto non avvengono in modo continuo ma quantizzato, cioè avvengono scambiando quantità finite di energia e quantità di moto.

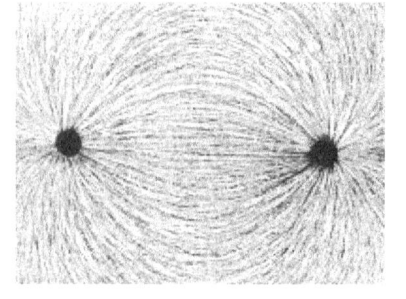

Rappresentazione delle linee di campo prodotte da un dipolo elettrico.

Se imponessimo ad un dipolo macroscopico di natura non atomica o subatomica, una variazione della distanza d'interazione tra le cariche analoga a quella prodotta in un atomo di idrogeno, vale a dire in scala, durante la fase di diseccitazione l'energia e la quantità di moto emesse sarebbero esattamente quelle previste dalla teoria elettromagnetica classica di Maxwell. Perché allora su scala microscopica l'elettromagnetismo non permette previsioni corrette e il comportamento delle sorgenti è tanto differente?

La risposta che mi davo all'epoca era quella che tutti gli studenti di fisica imparavano a darsi, in quanto all'epoca quella doveva essere la risposta. Una spiegazione sicuramente in linea con le conoscenze fisiche dell'epoca e cioè che l'elettromagnetismo è in grado di descrivere solo l'interazione prodotta dal moto collettivo di un grande numero di cariche elettriche ma non l'interazione microscopica di una coppia di particelle cariche come un protone o un elettrone, che è descritta invece dalle leggi della meccanica quantistica. Qualche dubbio che una tale affermazione non fosse corretta sinceramente l'avevo. Una spiegazione più semplice e sicuramente non consueta perché non in linea con le teorie comunemente accettate dell'epoca si andò delineando negli anni successivi, quando decisi di affrontare in prima persona il problema dal punto di vista di un ipotetico osservatore in grado di posizionarsi in punti differenti dello spazio tutti interni all'intorno vicino di una sorgente di dipolo.

Per affrontare in termini diversi quel problema, occorreva formulare un modello quanto più realistico possibile. Per questo presi in considerazione un dipolo formato da una coppia non statica di cariche in grado di emettere un'onda elettromagnetica con lunghezza dell'ordine della distanza d'interazione delle cariche che lo formano. In questo caso le condizioni per assumere la sorgente a simmetria sferica non sono mai verificate: di conseguenza la differenza tra l'energia prodotta nell'interazione e quella emessa dalla sorgente, può essere trascurabile solo accettando di perdere gran parte dell'informazione sia sull'effettiva struttura locale del campo elettromagnetico della sorgente, sia sulle quantità di energia e di moto non emesse ma localizzate invece nell'intorno vicino della sorgente stessa.

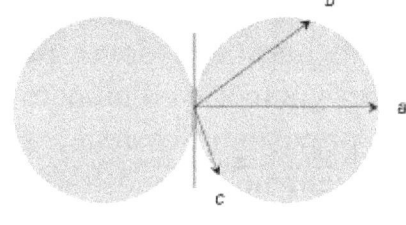

Diagramma di radiazione di un dipolo

Proprio la mancanza di simmetria sferica del campo elettromagnetico che circonda il dipolo sembrava essere la possibile causa del differente modo di percepire, da parte di un osservatore, gli scambi energetici discreti tra radiazione e materia.
La macroscopicità dell'osservatore rispetto alla microscopicità della sorgente poteva essere la frontiera che stavo cercando, il limite fino ad allora invalicabile tra il mondo macroscopico dove valgono le leggi deterministiche della meccanica classica e dell'elettromagnetismo e quello del mondo microscopico dove sono invece la meccanica quantistica e l'indeterminismo a dominare.

৩৩৩

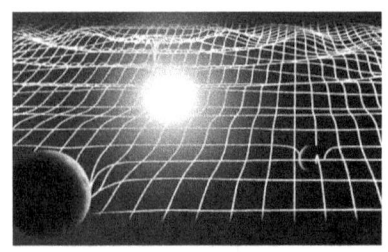

Modello geometrico raffigurante il campo gravitazionale secondo la teoria della Relatività generale.

3. – La sorgente reale: il modello

Un modello fisico o ancor di più una teoria, che mediante il solo elettromagnetismo ambisca a descrivere in modo unitario gli aspetti e i comportamenti comuni della materia e della radiazione elettromagnetica, conflittualmente già così ben descritti da teorie potenti e consolidate come la Meccanica Quantistica e la Teoria della Relatività, per essere credibile agli occhi della scienza deve per prima cosa essere autoconsistente, vedremo però che ciò non è ancora sufficiente per poter affermare con certezza che è proprio quella la realtà del mondo che ci circonda.

Il modello o la teoria in questione dovrà perciò permettere di ottenere per via teorica il numero più elevato possibile di previsioni corrette, tutte dovranno essere teoricamente dimostrabili e sperimentalmente verificabili e soprattutto, per il principio di autoconsistenza, occorrerà che non si faccia uso di concetti o principi estranei alla teoria. Per esempio, se si vuole descrivere in modo realistico l'interazione di una coppia di particelle cariche utilizzando esclusivamente un approccio elettromagnetico, si dovrà riuscire a descrivere simultaneamente aspetti fisici molto differenti tra loro come: il comportamento corpuscolare e relativistico delle particelle durante la loro reciproca interazione, il comportamento ondulatorio durante la loro propagazione nello spazio, il comportamento quantistico negli scambi di energia e quantità di moto e perché no, in certi casi quando le condizioni d'interazione non li rendono trascurabili, anche gli effetti gravitazionali prodotti dalle loro masse, tutto ciò senza mai introdurre né principi né formalismi estranei ai fondamenti dell'elettromagnetismo sui quali si è deciso di basare il modello. Impossibile? Forse, ma io credo che un ricercatore debba essere:

curioso, aperto al nuovo, amante dell'avventura verso l'ignoto, rigoroso, ardito e soprattutto non si deve scoraggiare davanti alle difficoltà.

Si potrebbe pensare che un lavoro di questo tipo possa richiedere anni e anni di studi; giusta considerazione perché così è stato. La prima intuizione la ebbi in una situazione che nulla aveva a che fare con la fisica. Nel 1979 in occasione del capodanno, passai qualche giorno in montagna con amici e il primo gennaio facevo colazione in prospettiva di un'intensa giornata sulla neve.

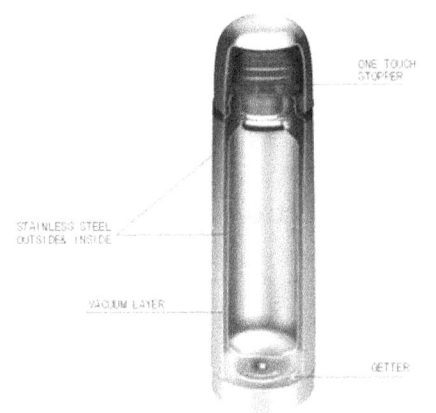

Il thermos riduce l'irraggiamento termico conservando l'energia interna immagazzinata.

Davanti a me una tazza fumante di tè e tante buone cose. Non so perché ma iniziai a pensare a quanta energia si trovava in quell'istante dentro alla tazza e a quanta ne veniva emessa per irraggiamento. Cosa c'entra la tazza di tè? C'entra, anzi è fondamentale, in quanto se l'energia non viene emessa o ne viene emessa poca per volta, il tè resta caldo per un bel po' e la tazza racchiude in sé una quantità finita di energia che anche se andrà lentamente diminuendo, rappresenta la gran parte dell'energia che inizialmente è servita a scaldarla. Non è altro che il principio del vaso di Dewar, più noto come thermos per la conservazione delle bevande calde (o fredde). Se un dipolo avesse funzionato nello stesso modo trattenendo una parte dell'energia necessaria a produrlo, molti dipoli avrebbero potuto racchiudere in sé una parte dell'energia iniziale quantizzando l'energia totale.

James Dewar

Iniziai a costruire dapprima semplici modelli fisici di dipolo, quelli consueti che si trovano su tutti i libri di elettrodinamica, ma per ottenere previsioni fisicamente corrette e soprattutto non identiche a quelle consuete, dovevo considerare un modello di sorgente nuovo, un modello che mai prima nessuno avesse considerato, che avesse le stesse caratteristiche elettriche di un atomo di idrogeno,

23

che fosse di facile gestione teorico-formale e soprattutto che mi impedisse di mescolare inavvertitamente aspetti corpuscolari della materia provenienti da concetti meccanico-relativistici, con aspetti quantistici totalmente estranei alla teoria elettromagnetica classica.

In fisica, la semplicità è essenziale e non dovrebbe essere raggiunta mediante l'approssimazione o la semplificazione ad oltranza della realtà, bensì mediante la riduzione del modello agli elementi fenomenologici dominanti. In questo caso bisognava descrivere per via teorica una sorgente elettromagnetica che io definivo "reale", quindi non puntiforme, la cui energia emessa dipendesse solo dai parametri elettromagnetici che caratterizzavano l'interazione e indirettamente dalle condizioni dinamiche preesistenti sulle particelle.

Per costruire il modello decisi perciò di usare una coppia ideale di cariche "nude", quindi prive di massa e con cariche opposte, in modo da non renderle soggette all'inerzia ma sensibili alla sola forza elettromagnetica. Dovevo assolutamente evitare d'imporre involontariamente condizioni derivanti da mixing dei valori delle costanti fisiche fondamentali. Qualunque condizione imposta inavvertitamente avrebbe potuto introdurre effetti indesiderati estranei all'elettromagnetismo, rendendo il modello non autoconsistente, quindi non scientificamente credibile. Preferii perciò assegnare alle cariche un generico valore "q" senza utilizzare il valore di carica elementare dell'elettrone, ipotizzando per il moto relativo tra le cariche una condizione non relativistica, quindi con una velocità relativa inferiore a quella della luce nel vuoto. Il modello così impostato, permetteva un'accurata analisi del campo elettromagnetico che circondava la sorgente. Sotto

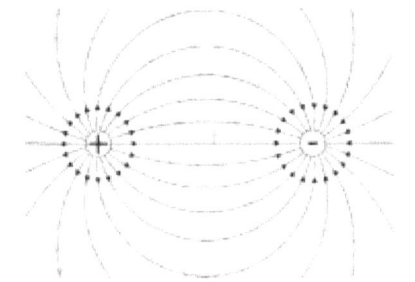

Coppia non ideale di cariche elettriche, alle cariche si assegna una dimensione radiale, cioè non sono puntiformi ma hanno una forma sferica con un raggio.

$$\vec{F}=q\left(\vec{E}+\vec{v}\times\vec{B}\right)$$

Forza elettromagnetica di Lorentz.
Una parte è dovuta al campo elettrico,
una parte al moto nel campo magnetico.

queste condizioni poteva essere usato per descrivere numerose situazioni fisiche reali, come l'interazione tra protone ed elettrone in un atomo d'idrogeno, tra coppie di ioni e tra coppie di particelle in generale, offrendo il vantaggio di non dipendere dallo stato dinamico iniziale delle particelle, quindi da forze diverse da quella elettromagnetica di Lorentz. Il modello permetteva anche di realizzare situazioni un po' più speculative e non sempre aderenti alla consueta fenomenologia di laboratorio.

L'analisi delle variabili dinamiche del modello evidenziò subito una dipendenza dell'energia e della quantità di moto della sorgente dalla distanza minima raggiunta dalle cariche durante l'interazione, piuttosto che dalla loro velocità. Per evitare quindi ogni possibile scelta arbitraria della distanza d'interazione, occorreva individuare l'eventuale esistenza di limiti naturali nella massima estensione spazio-temporale della sorgente di dipolo, limiti che avrebbero permesso la determinazione della struttura interna della sorgente. L'analisi del profilo emissivo della sorgente di dipolo (*vedi il grafico nella pagina successiva*) realizzato in funzione della profondità d'osservazione o della distanza d'interazione, due parametri che rapportati alla lunghezza d'onda d'emissione indicano rispettivamente quanto un osservatore immerso nel campo elettromagnetico è prossimo al centro ottico del dipolo e quanto le cariche sono reciprocamente distanti, mi riservò la prima vera sorpresa. Il dipolo, come c'era da aspettarsi, aveva un comportamento molto differente da quello tradizionale ideale di una sorgente puntiforme. Per una tale sorgente l'intensità luminosa "esplode" a infinito per una profondità prossima al valore massimo. La correlazione del profilo luminoso con la profondità d'osservazione e con la distanza d'interazione tra le cariche, permetteva di individuare chiaramente la presenza di una zona di produzione e di localizzazione di una quantità finita di energia che chiamai *zona sorgente*.

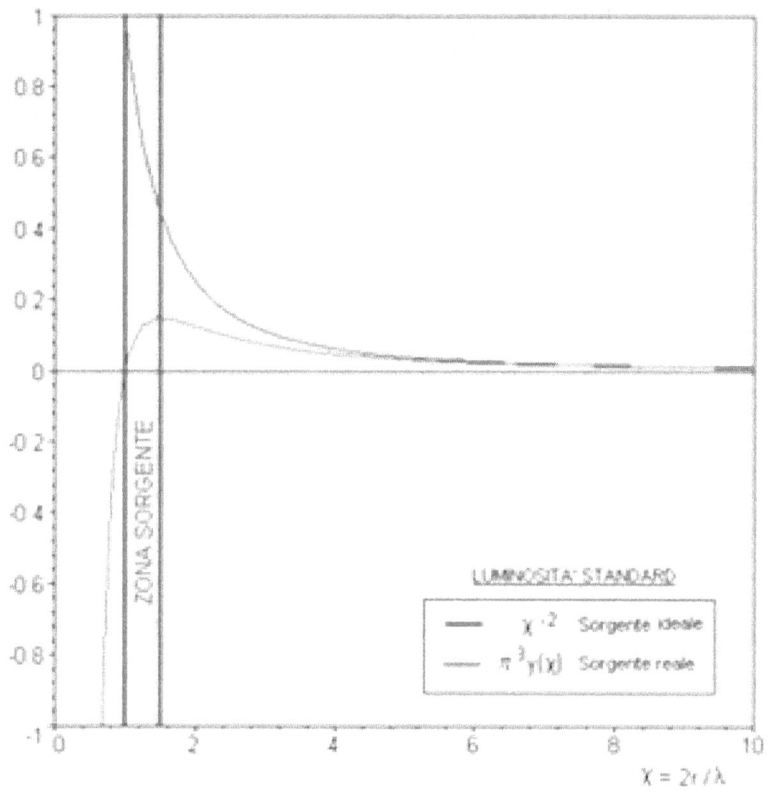

Sotto il valore unitario di distanza di interazione la luminosità diventa negativa e la sorgente assorbe energia.
La sorgente reale (rosso) tende alla sorgente ideale (blu) solo a grande distanza dal centro.

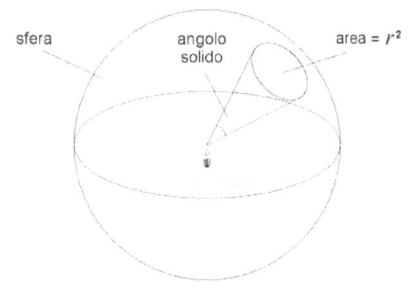

Definizione di luminosità della sorgente: energia per unità di angolo solido nell'unità di tempo.

Nella fase di reciproco avvicinamento delle cariche, il profilo della luminosità variava partendo da intensità zero quando le cariche erano a distanza reciproca pari a una lunghezza d'onda e mezza (*della sorgente in formazione*), raggiungendo poi la massima luminosità quando le cariche si trovavano alla minima distanza d'interazione pari ad una lunghezza d'onda della sorgente. Durante la fase d'allontanamento, il profilo emissivo della sorgente reale diventava invece simile a quello atteso per una sorgente puntiforme ideale. Le distanze d'interazione che caratterizzavano sul profilo emissivo lo zero e il massimo di luminosità, potevano essere correlate agli estremi della zona sorgente entro la quale il dipolo produceva energia e quantità di moto. Per distanze d'interazione corrispondenti all'inizio della formazione della zona sorgente, la luminosità negativa appariva descrivere il dipolo come un assorbitore d'energia, questa situazione in fisica solitamente descrive un "pozzo energetico" ed è associato ad una forza attrattiva che in contrapposizione con la sorgente assorbe energia invece di produrla. Forse gravità?

Nella zona sorgente, la produzione di energia e quantità di moto era inversamente proporzionale alla minima distanza d'interazione raggiunta dalle cariche in avvicinamento, quindi il dipolo registrava nel valore della lunghezza d'onda di emissione, tutte le condizioni energetiche iniziali delle particelle in interazione: la lunghezza d'onda del dipolo si comportava come la "memoria" della dinamica dell'evento originale che lo aveva prodotto. L'esistenza di una delimitazione nella zona sorgente aveva un'importanza fondamentale, infatti dimostrava senza ombra di dubbio che in una qualunque interazione elettromagnetica la durata temporale dell'interazione e lo spazio interessato dalla "collisione", con la quale si formava la sorgente di dipolo, non erano illimitati ma limitati e finiti. Considerando l'evoluzione dinamica della sorgente, nel caso di una inversione temporale del moto delle cariche, per simmetria, ma si dice anche per specularità, l'interazione elettromagnetica totale aveva complessivamente una durata doppia. Il tempo di collisione così calcolato, oltre a coincidere con quanto stabilito sperimentalmente in elettrodinamica, coincideva con il periodo di emissione della sorgente ed in effetti era uguale al tempo necessario alla

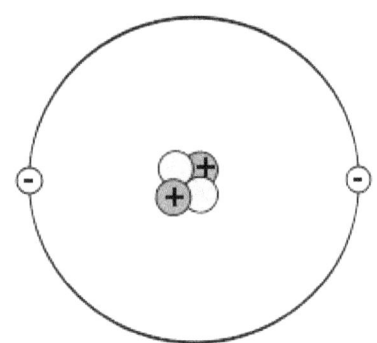

Modello di un atomo di elio.
Si formano quattro coppie di sorgenti, una per ogni combinazione elettrone protone (+ e – e)

formazione del primo fronte dell'onda associato al segnale elettromagnetico emesso dalla sorgente.

La dipendenza del modello dalle sole cariche nude, per definizione pensate "puntiformi", cioè prive di estensione spaziale e massa, suggeriva inoltre, contrariamente a quanto si ritiene, l'assenza di possibili effetti di schermo tra le cariche. Quindi nel caso che oltre ad una coppia fossero presenti anche altre cariche di ugual segno, ogni carica poteva essere ugualmente "visibile" da ciascun'altra carica di segno opposto, quindi per effetto del moto era possibile considerare la formazione non di una ma di tante sorgenti elettromagnetiche simultanee, tante quante sono le combinazioni di coppie di cariche positiva - negativa. Per esempio, se un elettrone in moto interagisce con un nucleo di elio (*due cariche positive*) si formano due sorgenti, ciascuna delle quali contribuisce a produrre e localizzare nella propria zona sorgente una determinata quantità di energia.

Nel 1980, almeno nelle sue linee essenziali il modello base era completo. Mancavano però informazioni precise sulla limitatezza della zona sorgente e questo m'impedì di ottenere valutazioni realmente attendibili sino al 1985. Più che qualche risultato formalmente buono e qualche valutazione numerica di bassa precisione e forse un po' troppo arbitraria, non mi fu possibile ottenere. La curiosità di giungere il più rapidamente possibile ad un risultato corretto e dimostrabile, che mi desse soprattutto la possibilità di fare delle valutazioni numeriche esatte sul contenuto energetico della sorgente era talmente tanta da darmi la forza giorno dopo giorno di lavorare ore e ore, ignorando caparbiamente ogni critica non costruttiva al mio lavoro, a volte anche illustri.

卐卐卐

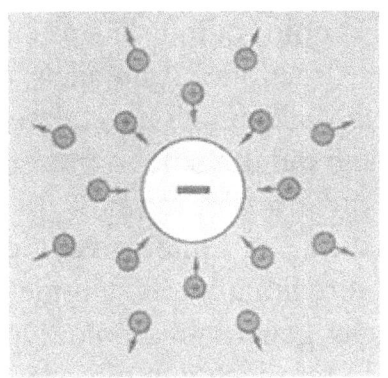

Polarizzazione di un mezzo: in presenza di una carica si polarizzano coppie. La somma della carica totale polarizzata è complessivamente zero.

$$\partial_\nu A^\nu = 0$$

Il gauge di Lorentz è un grado di libertà matematico che disaccoppia le equazioni di Maxwell.

4. – L'origine della quantizzazione

All'inizio di quest'avventura, non mi preoccupai troppo dell'accordo formale tra i risultati che stavo ottenendo con il nuovo modello di sorgente e quelli che avrei potuto ottenere con la teoria quantistica. Preferii dedicarmi a quel che allora ritenevo fossero le chiavi di volta di questa nuova idea. Il meccanismo di creazione di una sorgente di dipolo nel vuoto tramite effetti di polarizzazione e il calcolo dell'energia localizzata nella zona sorgente circostante, mi sembravano entrambi un buon punto di osservazione per rendersi conto se la strada che stavo percorrendo fosse o meno quella giusta.

Il metodo che avevo ideato per descrivere formalmente la creazione dei dipoli nel vuoto, era basato sulla descrizione di un "campo di vuoto elettromagnetico" ottenuto mediante un *gauge di Lorentz*. Gauge è una parola inglese che in italiano significa "calibro", "meccanismo", in questo caso però non ha una vera e propria traduzione perché il gauge di Lorentz è una trasformazione matematica. Il suo compito è sovrapporre ad un campo elettromagnetico nel vuoto, una coppia di campi, uno scalare e uno vettoriale ottenuti a partire da una medesima funzione scalare detta di gauge. La trasformazione ha la proprietà di lasciare invariate le equazioni di Maxwell che descrivono il campo elettromagnetico originale. Perciò se nel vuoto non ci sono campi elettrici variabili, non ci sono nemmeno campi elettromagnetici e il gauge introdotto nelle equazioni di Maxwell è in grado di descrive proprio questa assenza. L'invarianza di gauge mi sembrò lo strumento ideale per descrivere con qualcosa di concreto proprio ciò che concreto non è per sua stessa natura: il vuoto.

Nel gauge di Lorentz il dipolo, quindi la sorgente, appare come una polarizzazione istantanea del campo di carica descritto dalla funzione scalare di gauge. La polarizzazione è indotta solo in presenza di una perturbazione direzionale, quindi di un campo elettrico variabile o impulsivo, che rompendo con la sua direzionalità la simmetria sferica originale del gauge, genera un dipolo. Devo confessare che il modello mi piaceva molto sia per la sua efficacia che per la sua semplicità, aveva però un problema: appariva totalmente scollegato dall'idea iniziale e sembrava solamente un modo, più o meno elegante per descrivere un'onda elettromagnetica piana come un inviluppo di onde emesse da sorgenti secondarie di dipolo.

Dopo parecchi mesi di lavoro, pur essendo il metodo che avevo messo a punto efficace, mi resi conto che non potevo dimostrare in alcun modo che proprio quella particolare rappresentazione del vuoto fosse una realtà fisica e non un semplice artificio matematico come in effetti aveva tutta l'aria di essere. Un semplice trucco per descrivere in modo alternativo quello che in realtà già c'era: un campo elettromagnetico.

L'enorme quantità di tempo che dedicai allo studio del modello di vuoto e alla creazione dei dipoli mediante l'introduzione di un campo elettrico, mi impedì per molto tempo di concentrarmi sul calcolo dell'energia prodotta da una singola sorgente, proprio quello invece avrebbe dovuto essere il principale obiettivo. Tanto lavoro non fu però inutile, perché mi permise di comprendere come il transito dell'onda nel vuoto, se realizzato per mezzo di sorgenti secondarie di dipolo, fosse un meccanismo in tutto e per tutto identico a quello descritto nel 1700 da Christiaan Huygens nel suo famoso principio. Secondo Huygens la

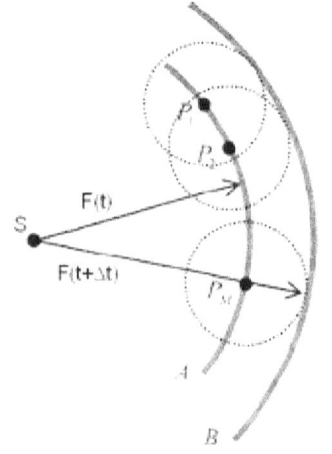

Modello di Huygens: avanzamento di un onda mediante la creazione di sorgenti secondarie locali.

propagazione di un onda in un mezzo si giustifica mediante la creazione a carico del fronte d'onda principale, di sorgenti secondarie locali, ciascuna delle quali dà origine ad un inviluppo di onde sferiche che riproduce ad una distanza di una lunghezza d'onda il nuovo fronte d'onda. In questo caso però in più c'era la capacità delle sorgenti di localizzare in ristrette regioni dello spazio una piccola parte dell'energia e della quantità di moto dell'onda principale. Forse è proprio questo l'unico modo possibile per giustificare la presenza di fotoni reali durante la propagazione di un'onda elettromagnetica nel vuoto.

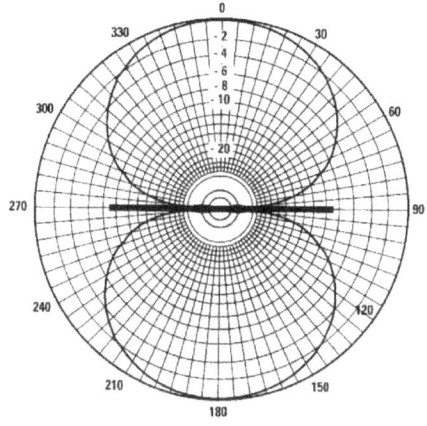

Schema polare di emissione di un dipolo elettrico.

Dopo alcuni anni di elaborazioni teoriche e tentativi a volte anche infruttuosi, ero comunque riuscito a calcolare, anche se in prima approssimazione e con alcune ipotesi semplificative, l'energia prodotta e localizzata da una sorgente di dipolo. Il valore esatto sarebbe stato però calcolabile solo a partire dalla conoscenza della struttura geometrica spazio-temporale del campo elettromagnetico che circonda la sorgente di dipolo e dalla durata effettiva dell'interazione tra le cariche, peccato che queste informazioni allora mancassero completamente.

All'epoca, la mia conoscenza della Meccanica Quantistica era limitata ai corsi di Istituzioni di Fisica Teorica e di Fisica Atomica che avevo seguito all'Università e, per quanto fosse acerba, era sufficientemente approfondita per permettermi di distinguere dei risultati teoricamente promettenti da inutili calcoli senza fondamento. Considerando poi che i valori che avevo ottenuto per via teorica dell'energia e della quantità di moto della sorgente erano in accordo con le previsioni quantistiche per un fotone, oltre al fatto che

31

nessun modello o teoria nota sino ad allora era mai stata in grado di produrre una spiegazione alternativa a quella usuale, sulle possibili origini della quantizzazione, almeno ai miei occhi quei risultati erano il segnale che il mistero poteva essere considerato in via di risoluzione.

Non c'era alcun dubbio: i risultati che stavo ottenendo erano veramente nuovi e sembravano talmente eccezionali da farmi sentire alle stelle, felice come non mai e con una voglia immensa di raccontare a tutti ciò che mi rendevo conto essere ancora troppo poco credibile.

$$E = h\nu$$

Energia di un fortone: frequenza dsell'onda per la costante di Planck.

I calcoli dimostravano che nell'intorno della sorgente di dipolo si localizza una quantità di energia identica in tutto e per tutto a quella di un "quanto", cioè a quella della particella di luce che chiamiamo fotone, la cui energia è proporzionale alla frequenza dell'onda elettromagnetica della sorgente che lo ha emesso. La costante di proporzionalità che compariva nell'espressione teorica, per quanto potesse essere determinabile, non era facile da calcolare: le dimensioni fisiche erano quelle giuste, cioè erano quelle di un'energia per un tempo e poteva essere a buona ragione considerata l'equivalente teorico del "quanto d'azione", noto in Meccanica Quantistica col simbolo "h" e con il nome "costante di Planck".

La costante h è passata alla storia della fisica moderna per essere il primo degli elementi concettuali che hanno portato alla nascita e all'affermazione della Meccanica Quantistica. Proprio la sua introduzione ad opera di Max Planck e la sua successiva giustificazione in termini quantistici dovuta allo stesso Albert Einstein, hanno permesso di spiegare il comportamento, fino ad allora ancora incomprensibile, dello spettro della radiazione elettromagnetica in equilibrio termico con la materia: il cosiddetto "spettro di corpo nero". Come per tutte le costanti fisiche fondamentali, il suo valore ha il privilegio di non dover essere calcolato o giustificato a partire da alcuna teoria, ma solo misurato sperimentalmente, in quanto è proprio dal suo valore che discendono molte caratteristiche del nostro universo.

Il calcolo teorico del valore della costante h non si presentava per nulla agevole, richiedeva calcoli lunghi e complicati, soprattutto richiedeva la conoscenza di alcuni parametri fisici della sorgente che erano decisivi per la determinazione del valore numerico finale. Mi resi subito conto che pur essendo l'energia prodotta dal dipolo formalmente equivalente a quella di un fotone, l'accordo con la Meccanica Quantistica sarebbe stato anche quantitativo oltre che formale, solo se la costante fosse stata numericamente identica a quella di Planck. Nessuna approssimazione poteva essere accettata.

$$h = 6.6261 \times 10^{-34} Js.$$

Utilizzando come carica elettrica quella dell'elettrone, a meno di un fattore numerico prossimo all'unità, la cui conoscenza almeno fino alla sesta cifra decimale era per il calcolo di h di fondamentale importanza, la stima numerica restituiva un valore in ottimo accordo con quello della famosa costante di Planck ma non il valore esatto. Un risultato quello ottenuto, sicuramente sperato ma anche inaspettato, soprattutto considerando che le basi del modello erano elettromagnetiche, quindi stando alle conoscenze consolidate dell'epoca non avrebbero potuto fornire in alcun modo risultati tipicamente quantistici. A questo punto era necessario calcolare con assoluta precisione il fattore numerico mancante, quel valore tanto prossimo ad uno ma che proprio uno non doveva essere. Il suo valore dipendeva dalla struttura del campo elettromagnetico della sorgente che ancora non conoscevo. Se fossi riuscito nell'intento e se il suo valore fosse stato uguale a quello atteso, sarebbe stata un'ulteriore prova della eccezionalità assoluta dei risultati che stavo ottenendo.

Arnold Sommerfeld

Una delle costanti più enigmatiche della fisica moderna è la costante di struttura fine, detta confidenzialmente dagli addetti ai lavori costante "alfa", solitamente la sua approssimazione è indicata come 1/137 che è anche il suo nickname numerico, come dire 3,14 al posto di π. Enigmatica non perché non si sappia da dove derivi, anzi nell'ambito della fisica atomica da dove salta fuori lo si sa molto bene, alfa storicamente è definita a partire da un mixing di costanti fondamentali: il quadrato della carica dell'elettrone diviso per il prodotto della costante di Planck con la velocità della luce; enigmatica perché è un numero puro, quindi privo di unità di misura del quale non si conosce però l'origine fisica, cioè non si conosce il perché debba essere proprio così. Se il suo valore fosse anche di poco diverso, la materia stabile sarebbe molto differente da quella che conosciamo e la vita stessa sulla Terra difficilmente potrebbe esistere, violando così il principio antropico a dispetto di quei pochi che ancora ci credono.

Introdotta nel 1916 da Sommerfeld come misura della deviazione delle linee spettrali rispetto a quelle previste dal modello di Bohr, alfa ha anche il ruolo di costante d'accoppiamento tra carica elettrica e campo elettromagnetico, quindi il suo valore esatto è fondamentale per descrivere l'interazione tra gli elettroni e il campo elettromagnetico del nucleo atomico.

Nel 1980, a proposito del mistero che ha sempre avvolto la costante alfa, Richard Feynman scrisse:

Richard Feynman

"… (alfa) *sembra che sia stata scritta dalla mano di Dio, ma non ci è dato di sapere come egli abbia mosso la sua penna per ottenerla…* ". Solo qualche anno dopo, nel 1982, mi trovavo in Sicilia, ad Erice, una incantevole cittadina a due passi da Trapani. Avevo avuto dalla NATO una borsa di studio per un corso avanzato di Fisica sullo studio sperimentale della Radiazione Cosmica. Sulla bacheca del centro "Ettore Majorana" di cui ero ospite, vidi un articolo ritagliato da un quotidiano nazionale, poteva essere il Corriere piuttosto che La Stampa, ora non ricordo. Sulla pagina era riportata un'intervista a Paul Dirac. Un gruppo di giovani colleghi si spintonava per leggere il ritaglio. Raggiunta la bacheca lessi l'articolo; mi colpì soprattutto quel che Dirac diceva a proposito del misterioso valore della costante alfa: "… *una teoria elettrodinamica valida dovrebbe poter spiegare la natura di questo misterioso numero* …". Provai un'emozione indescrivibile: in quel momento ebbi l'istinto di esclamare "… *io la posso spiegare!*". Riuscii a trattenermi e tacere. Raccontare ai miei colleghi quel che stavo giorno dopo giorno scoprendo a proposito di questo misterioso numero non poteva essere una buona idea, mi rendevo perfettamente conto che i tempi non erano maturi e con uno sforzo incredibile conservai il segreto.

All'epoca non avevo ancora pubblicato nulla di ufficiale sull'argomento, solo pochissime persone conoscevano in via confidenziale il mio lavoro e di queste solo una esigua minoranza lo prendeva almeno un po' sul serio. Una tra queste, forse perché insieme alla nostra amicizia lo aveva visto nascere fin dall'epoca dei nostri comuni studi all'istituto di Fisica Generale di Torino e poi durante le nostre chiacchierate durante il periodo della mia permanenza al CERN lo aveva visto evolvere e crescere assieme alla mia passione per quelle idee, sicuramente un po' fuori dal comune, era Umberto Dosselli. La confidenza e l'amicizia non sembravano però fugare in lui una certa perplessità e una nota di diffidenza, un atteggiamento che ho ritrovato più volte lungo il mio cammino, ma che in Umberto si manifestava garbatamente sotto forma di un lieve radicalismo, lo stesso radicalismo che affliggeva e tutt'ora affligge, anche se in proporzioni ben più massicce, la gran parte degli studenti che con passione e dedizione affrontano lo studio della scienza senza però possedere un background di rielaborazione e minimamente di autocritica. Per fortuna e per stimolo, all'epoca ad essere fuori dal coro e a pensarla differente non ero il solo.

Essendo la costante di struttura fine definita a partire da un mix di costanti fondamentali come la costante di Planck, la carica dell'elettrone e la velocità della luce, rovesciandone la definizione come un calzino è ovviamente possibile scrivere la costante di Planck a partire dai valori delle costanti di struttura fine, della carica elettrica e della velocità della luce, ma questa ridefinizione del quanto d'azione non poteva avere alcun senso fisico, perché la costante alfa non era considerata una grandezza fisica fondamentale, quindi sperimentalmente direttamente misurabile. Nonostante ciò, essendo questa volta presente nel nuovo modello teorico una formulazione della costante alfa indipendente dai valori delle altre costanti fondamentali, sarebbe stato possibile e quantomeno intrigante tentare di calcolarla attribuendole però questa volta un significato fisico autonomo indipendente da un semplice mix di costanti.

Dopo numerosi tentativi, ben sapendo che nel nostro universo nessun valore che avessi ottenuto, anche se quasi uguale, avrebbe potuto essere

$$h = \alpha^{-1} \frac{e^2}{c}$$

La costante di Planck in funzione della costante di struttura fine, della carica dell'elettrone e della velocità della luce.

accettato, dovetti desistere dall'impresa. A causa della lunghezza e delle difficoltà di calcolo, quaderni interi di calcoli non bastavano a raggiungere il risultato, dovetti per forza maggiore ripiegare su metodi di calcolo numerico sicuramente formalmente meno eleganti e precisi ma più agevoli.

Un computer degli anni 70-80

Nel 1983 i computer erano meno avanzati e veloci di quanto lo sono oggi ed erano decisamente ingombranti. La sala macchine del centro di calcolo dell'istituto di Fisica aveva una potenza di calcolo di un centesimo di un attuale PC. Ogni istruzione era riportata su una scheda perforata. Per ottenere i primi risultati ci vollero quasi ventiquattro ore di elaborazione e all'epoca il "tempo macchina" gli istituti di ricerca lo pagavano caro: tra correzioni e revisioni passai quasi due giorni interi al centro di calcolo ma l'ansia e l'eccitazione dell'attesa non mi facevano sentire la stanchezza. I risultati ottenuti erano sempre più incoraggianti. Non solo l'ordine di grandezza della costante di Planck era rispettato, ma anche le caratteristiche dell'universo come noi lo conosciamo venivano salvaguardate.

La differenza tra la costante calcolata teoricamente e il valore allora noto misurato sperimentalmente tramite le costanti fondamentali era minima. Sussisteva tuttavia ancora una fastidiosa arbitrarietà dovuta alla determinazione della distanza d'interazione delle cariche del dipolo all'interno della zona sorgente. Quale doveva essere il valore corretto della distanza d'interazione per il calcolo della costante?

Dopo molti tentativi e revisioni del modello, compresi che data la complessità del problema quell'arbitrarietà non poteva essere completamente eliminata, piuttosto poteva essere aggirata attraverso l'uso di una media opportuna. La distanza quadratica media di interazione, ottenuta considerando i limiti spazio temporali entro i quali le cariche dovevano trovarsi in funzione all'evoluzione dinamica della sorgente poteva andare bene. Per questo la conoscenza dei limiti spazio temporali della zona sorgente nel dipolo era fondamentale.

Non fu facile ottenere un modello efficiente dell'evoluzione dinamica della sorgente, ci vollero ben due anni di tentativi. Utilizzare un metodo statistico per il calcolo delle distanze medie d'interazione comportava la conoscenza esatta delle forze che intervenivano sulle due cariche elettriche dal punto di vista di un qualunque osservatore esterno, solo così poteva essere raggiunta la conoscenza della funzione di struttura del campo elettromagnetico, essenziale per la determinazione della funzione di distribuzione della distanza d'interazione.

Il metodo di calcolo c'era e funzionava, ma era ancora un po' troppo statistico e troppo poco fisico, quindi per me troppo cabalistico e ancora da dimostrare. Ad ogni modo quando nel 1986 il computer restituì il risultato finale non credevo ai miei occhi: la costante alfa era lì, calcolata con una precisione di una parte per milione, cioè solo la sesta cifra decimale era affetta da incertezza di calcolo. Incredibilmente quel numero sembrava avere un preciso significato, dal suo valore dipendeva la capienza energetica della sorgente, "la tazza di té" che avevo immaginato anni prima, quindi era in base al valore di questa costante che la sorgente localizzava una e non un'altra quantità di energia durante l'interazione. Ciò significava che ogni coppia di cariche interagiva rispetto ad un osservatore esterno in un modo standard, producendo una sorgente con una capienza

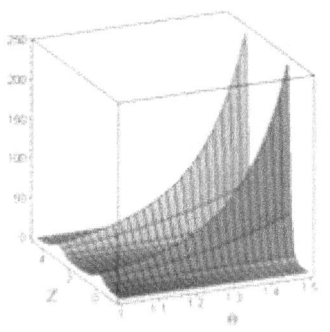

Grafico 3-d della funzione di struttura della sorgente.

energetica proporzionale alla frequenza dell'onda elettromagnetica: l'energia localizzata dipendeva solo dalla durata dell'interazione o meglio, dalla minima distanza raggiunta dalle cariche durante l'interazione. La cosa più incredibile era però poter definire la costante alfa in modo del tutto indipendente da tutte le altre costanti elettromagnetiche. Il valore ora era calcolabile a partire della conoscenza della sola struttura del campo elettromagnetico della sorgente e da nessun altro parametro, eccezion fatta per l'estensione angolare della distribuzione di carica che dipendeva dalle dimensioni spaziali di un elettrone. Il problema ora era: un elettrone può o no essere considerato puntiforme?

Il modello aveva il primato non irrilevante di prevedere e giustificare la cosiddetta "prima quantizzazione dell'energia", il calcolo teorico della costante di struttura fine stabiliva per la prima volta nella storia l'indipendenza di alfa dalle altre costanti fondamentali. Proprio nel 1986 mi decisi a fare la prima comunicazione ufficiale dei risultati ottenuti al congresso Nazionale della Società Italiana di Fisica che quell'anno si teneva a Padova. Quello fu il primo vero passo verso quella che è ora diventata la Bridge Theory, allora mi capitava di pensare che aver scoperto l'origine della misteriosa costante di struttura fine rappresentasse un risultato a dir poco strabiliante e per questo mi aspettavo che al congresso potesse accadere di tutto; ero a dir poco terrorizzato ma giocai la carta dell'indifferenza, l'importante era far finta di nulla. Non fu quella la mia prima comunicazione ad un congresso, però sino ad allora fu la più importate.

Umberto e Fulvia, di cui ero ospite a Padova mi furono di grande aiuto per dissolvere quella tensione che normalmente si accumula in occasione di un grande evento. Umberto tornato da Ginevra lavorava già da alcuni anni come ricercatore all'INFN (Istituto Nazionale di Fisica Nucleare) di Padova e gli anni trascorsi come fisico sperimentale alle alte energie non lo aiutavano certo a scuotersi di dosso quel suo scetticismo verso tutto quanto non fosse "standard" o in linea con il comune sapere; atteggiamento direi molto frequente in un fisico sperimentale, che in Umberto più che un atteggiamento sembrava essere una scelta di vita che ancor oggi conserva. Umberto si è però sempre dimostrato amichevolmente interessato e divertito dalle idee che gli proponevo ormai da anni. Una volta, ancora da studenti, durante una pausa di studio, scherzando sulle nostre differenti visioni della Fisica ci sfidammo a chi avrebbe per primo preso il Premio Nobel. Ho sicuramente perso la scommessa, con l'LHC in funzione è ora più vicino lui al Nobel di quanto lo potrei essere io in mille vite parallele.

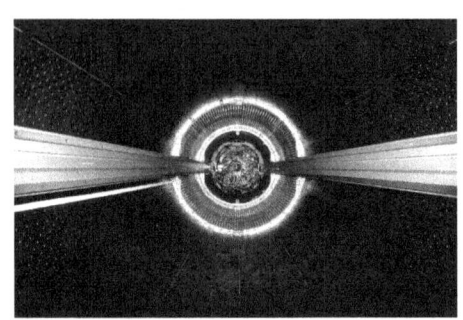

LHC: linea del fascio.

L'atteggiamento di Umberto era alquanto pragmatico e sicuramente in linea con quello che immaginavo avessero anche i colleghi che nell'aula attendevano critici e annoiati le presentazioni dei congressisti. Parlare con loro fu di grande aiutò, solo così riuscii a tenere i piedi saldamente ancorati a terra.

Nei congressi la cronica mancanza di tempo è la principale nemica di tutti, quella volta però si rasentò l'assurdo. Appena prima di me un professore del dipartimento di Energetica dell'Università di Catania prese un bel po' di tempo per raccontare una sua idea sullo spin dell'elettrone che a dire il vero mi apparve alquanto strampalata, data la totale assenza di un'idea fisica portante, dopo quasi venti minuti gli tolsero la parola, io gliela avrei tolta ben prima.

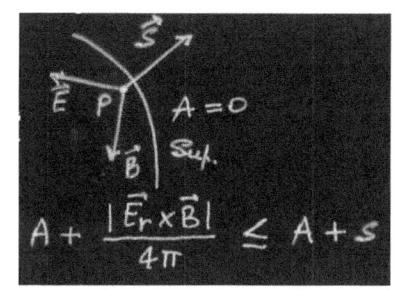

Porzione di una slide presentata a Congresso SIF di Padova.

Era arrivato il mio turno. Sfortunatamente mi capitò di dover parlare proprio dopo il suo intervento: mi alzai e mi avvicinai alla lavagna luminosa, il presidente della sessione mi presentò alla platea e scusandosi con me e il pubblico per la mancanza di tempo, disse che la comunicazione non poteva avere luogo; se qualcuno fosse stato interessato mi avrebbe potuto contattare personalmente. Che magra consolazione pensai, ne avevano già avuto abbastanza. Dalla platea si alzò qualche moderata protesta ma nulla di più. Ad un tratto si alzò in piedi una ricercatrice dell'Università di Padova, Laura Morato che per mia fortuna si oppose con forza alla proposta del presidente. Se non fosse stato per le sue decise insistenze la comunicazione di quei risultati, per me così importanti e strabilianti non ci sarebbe mai stata.

L'accoglienza non fu particolarmente calorosa ma non potevo lamentarmi, avevo avuto quasi mezz'ora per la comunicazione e numerose domande. Chi conosce l'ambiente sa che le domande poste con cortesia sono un grande onore. Ero soddisfatto, Laura era realmente interessata al mio lavoro e alle possibili conseguenze, soprattutto ero felice di aver provato a me e alle persone presenti in sala che la quantizzazione poteva non essere un principio fondamentale da "assumere" e basta, ma bensì la conseguenza della mancanza di simmetria sferica nell'emissione di energia elettromagnetica da sorgenti di dipolo prodotte da coppie di cariche elettriche in interazione.

Era proprio il particolare "modo" di emettere della sorgente nello spazio-tempo dell'osservatore il vero responsabile degli effetti quantistici, effetti che in un certo senso potevano essere pensati come prodotti dal divario tra il mondo microscopico delle sorgenti e quello macroscopico degli osservatori, questa consapevolezza almeno per il momento mi bastava.

Nei mesi successivi cominciai ad analizzare le conseguenze che l'assunzione del modello avrebbe avuto sul resto del mondo fisico, quindi all'esterno della sorgente. Dato che le cariche interagendo con altre cariche generavano delle sorgenti di dipolo indipendentemente dalla loro distanza minima di interazione, localizzando per ciascuna sorgente energia e quantità di moto in perfetto accordo con quanto previsto in meccanica quantistica per un fotone, ogni carica nello spazio, purché le fosse concesso un tempo sufficiente a propagare il proprio campo elettrico fino ad una carica di segno opposto, era potenzialmente in grado di interagire accoppiandosi con tutte le cariche di segno opposto presenti nell'Universo. Questa multi-interazione trasformava di fatto una distribuzione di carica complessivamente neutra in una distribuzione di sorgenti di dipolo, quindi in una distribuzione di "fotoni" o come si usa chiamarla in meccanica statistica in un "gas di fotoni". I fotoni così prodotti hanno tutte le possibili lunghezze d'onda compatibili con il momento di dipolo della sorgente e la statistica di Bose-Einstein prevede per il gas una distribuzione di densità di energia in accordo con quella della radiazione di corpo nero, quindi con la legge di Planck.

Laser di potenza: il fascio è formato da fotoni di uguale energia.

Questa particolarità impone che ogni parte dell'universo è connessa causalmente a tutte le altre, quindi ogni azione su una sorgente determina degli inevitabili cambiamenti in tutte le altre. La produzione di sorgenti con cariche in comune metteva in correlazione tutta la materia contenuta nell'universo: i fotoni erano quindi correlati in quanto prodotti da particelle elettricamente cariche di cui una in comune. I destini di ogni fotone e di ogni particella carica potevano perciò non essere tra loro estranei, in quanto legati tra loro per mezzo di sorgenti di dipolo.

Questo aspetto, del tutto nuovo sull'orizzonte della fisica teorica contemporanea ma non sull'orizzonte di quella sperimentale che mostrava in questo senso delle forti evidenze, mi sembrava potesse giustificare proprio il legame esistente tra particelle identiche previsto da John Bell, ancor oggi non spiegato dalle teorie cosiddette standard.

ת ת ת

5. - Le costanti di Planck e di struttura fine

Nel 1989 la teoria di Bridge era ancora nel modo dei sogni, ma il nuovo modello di sorgente di dipolo era almeno nelle sue linee essenziali completo. Quell'anno fu particolarmente proficuo per il mio lavoro di ricerca, il continuo confronto di idee con Gianfranco Bologna sulle implicazioni e sui possibili sviluppi della nascente teoria mi fu di continuo stimolo. Dal 1983 avevo un incarico presso la cattedra di Fisica Sperimentale della Facoltà di Chimica dell'Università di Torino di cui Gianfranco era titolare. Da parecchi anni ormai condividevamo presso il dipartimento di Fisica di Torino lo stesso studio. Con Gianfranco ci eravamo conosciuti nove anni prima al CERN, lui da buon pisano si dimostrò fin dal principio aperto e cordiale aiutandomi a capire come lì, in quell'immenso centro di ricerca immerso nella nebbia e nel freddo dell'autunno del 1980, andavano le cose. All'epoca, mi era stato affidato un laboratorio attrezzato di tutto punto per compiere dei test su alcune nuove miscele di gas da utilizzare nelle camere *streamer*. Le camere erano dei lunghi tubi quadrangolari in polivinilcloruro sistemati in parallelo e disposti a strati con orientamento XY. Quando venivano attraversati da una particella ionizzante, gli ioni di gas si raccoglievano sul catodo mentre gli elettroni sull'anodo dando un segnale elettrico tanto più ritardato nel tempo quanto più distante dall'origine era passata la particella e tanto più intenso quanto più la particella perdeva energia attraversando il gas. Strato dopo strato i segnali elaborati da un computer permettevano di ricostruire la traccia della traiettoria della particella che stava attraversando il rivelatore. Tutto l'apparato avrebbe formato il nucleo di rivelazione e misura del grande cubo di NUSEX (Nucleon Stability Experiment), che di lì a poco sarebbe stato

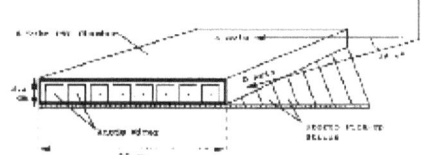

Un pacchetto di tubi streamer

Tubi streamer montati nell'esperimento NUSEX nei laboratori del Monte Bianco.

realizzato e messo in funzione nei laboratori sotterranei del Monte Bianco e poi avrebbe anche formato parte del futuro rivelatore dei laboratori del Gran Sasso. Per NUSEX l'idea di base era di verificare quanto fino ad allora si era solo supposto. La domanda era: i protoni che formano i nuclei della materia atomica sono particelle veramente stabili o prima o poi come fanno tutte le loro antiparticelle decadono in qualcos'altro?

Con Gianfranco diventammo subito amici, fresco di studi avevo poca esperienza, ma lui con gentilezza e pazienza durante tutta la mia permanenza al CERN mi insegnò ha gestire il laboratorio facendomi compiere i primi passi nel mondo della ricerca sperimentale. In Istituto, a Torino, sfruttavamo spesso la pausa pranzo che per Gianfranco il più delle volte si limitava solo ad un paio di mele, per fare lunghe chiacchierate in cui la fisica era al centro della nostra attenzione. Gianfranco: simpatico, modesto, acuto e aperto verso il nuovo, mi insegnò a non rimanere mai sulla superficie delle cose, ma a scavare i fenomeni della natura in profondità, analizzandoli prima con la logica dello sperimentatore e solo dopo con quella del teorico. Proprio con Gianfranco "il modello" iniziò ad adattarsi alla realtà del mondo e a diventare una vera e propria teoria.

Sempre quell'anno iniziò una lunga collaborazione scientifica, oltre che grande un'amicizia, con Guido Dematteis. Guido è un fisico teorico e come tutti noi era abituato a trattare i fenomeni quantistici nel loro ambito naturale, quindi con le teorie quantistiche. Quando raccontai per la prima volta a Guido cosa stavo facendo, mi guardò tra il perplesso e l'incredulo, ma la sua abitudine a "giocare" con le idee o forse solo la curiosità di vedere in cosa consisteva questa stranezza, lo convinsero a darmi una mano. Lavorare con Guido fu come fare autocoscienza. Ben presto mi resi conto che le sue perplessità erano le mie, era come se mi stessi guardando allo specchio. Il continuo sforzo di essere convincente era in realtà uno sforzo per convincere me stesso ad essere il più possibile coerente con le nuove basi teoriche che stavo costruendo, questa volta occorreva trattare i fenomeni quantistici al di fuori di quello che fino ad allora era stato il loro naturale ambito. Uno sforzo che piano piano mi aiutò ad eliminare ogni perplessità che ancora io stesso nutrivo sulla credibilità del quadro fisico che si stava gradualmente delineando.

Nei primi anni di lavoro, nonostante la convinzione personale di essere sulla buona strada, avevo ancora molti dubbi sulla correttezza dei metodi che avevo dovuto sviluppare e mettere a punto per raggiungere proprio quei risultati obiettivamente così strabilianti. I dubbi, per la maggior parte, erano generati dal comprensibile scetticismo che leggevo nella reazione di molti colleghi di fronte al mio lavoro. A volte il loro radicalismo era tanto accanito da spingerli, persino con palese scortesia, al rifiuto a priori dell'idea che la teoria elettromagnetica di Maxwell, che io unicamente usavo, potesse nascondere tra le sue equazioni proprio i principi fondanti della Meccanica Quantistica. Tantomeno riuscivano a credere che fosse possibile fornire una spiegazione sulla natura delle costanti di struttura fine e di Planck, ritenute da sempre incompatibili con il contesto classico in cui la teoria di Maxwell si era storicamente sviluppata.

Fra le tante questioni aperte, cercavo di provare per primo a me stesso che il modello non fosse una tautologia come Giorgio Parisi e Rodolfo Del Sole, autorevoli fisici teorici, avevano nel 1984

$$\vec{\nabla} E = \rho/\varepsilon_0$$

$$\vec{\nabla} B = 0$$

$$\vec{\nabla} \times E = - dB/dt$$

$$\vec{\nabla} \times B = \mu_0(J + dE / dt)$$

Le equazioni di Maxweell descrivono in modo completo la propagazione di onde elettromagnetiche.

sostenuto. Infatti, non riuscendo a comprendere come potessero uscire certi risultati dal modello, già all'epoca per il vero piuttosto buoni, ritennero che quella della tautologia potesse essere l'unica spiegazione. L'odiosa ipotesi, fatta a seguito di un incontro avuto al Dipartimento di Fisica della II Università di Roma, era che in qualche modo, sebbene inavvertitamente, io avessi introdotto nascosti sotto mentite spoglie proprio quei concetti quantistici che con prepotenza finivano per saltare fuori manifestandosi come apparenti conseguenze della teoria elettromagnetica classica. Il mio timore era che avessero ragione e che il modello fosse realmente un trucco da illusionista.

In quegli anni mi capitava spesso di presentare frammenti del mio lavoro ai congressi della Società Italiana di Fisica, oltre che ad essere invitato per conferenze e seminari. Per quanto buone fossero le previsioni teoriche del modello, non riuscivo mai ad essere completamente convincente per tutti i colleghi. Un caso emblematico si verificò con Nicola Cabibbo, allora presidente dell'Istituto Nazionale di Fisica Nucleare (INFN), ora recentemente scomparso.

Eminente personaggio della storia della fisica contemporanea, Nicola Cabibbo è noto al mondo della scienza per i suoi studi sulle interazioni deboli ma non solo per quelli. I suoi studi portarono prima ad ipotizzare e successivamente a scoprire ben tre famiglie di quark, delle particelle elementari con carica frazionaria e spin semi intero (fermioni) che rappresentano i principali costituenti della materia. Questi combinati tra loro formano due classi di particelle non elementari: i mesoni che sono bosoni formati da due quark, prodotti solo nelle interazioni ad alta energia come nella radiazione cosmica e negli acceleratori di particelle; i barioni (protoni e neutroni), fermioni

Nicola Cabibbo

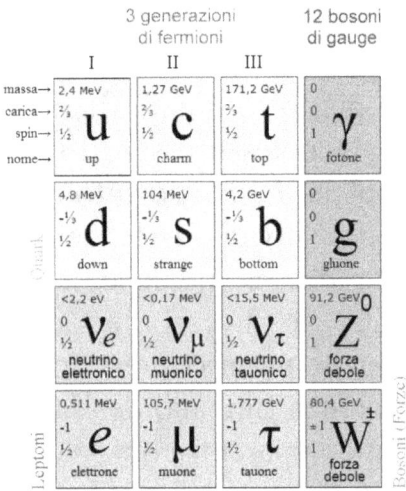

Schema del modello standard. I bosoni di gauge sono i mediatori delle forze elettromagnetica, forte, debole.

formati da tre quark, detti "nucleoni" perché combinati secondo lo schema del sistema periodico in multipli di Z protoni e N neutroni formano i nuclei atomici della materia. Dato che solo le particelle formate da quark sono soggette alla forza forte detta adronica, mesoni e barioni definiscono la famiglia degli "adroni", le altre particelle elementari presenti nella tabella a sinistra sono i leptoni (fermioni) in azzurro e i bosoni di gauge, in ocra scuro. Questi hanno il compito di mediare le interazioni tra particelle.

Personalmente, nonostante le critiche subite, avrei incontrato volentieri Nicola Cabibbo ma non ho mai avuto il piacere. Dopo aver discusso nel 1984 con Mario Iannuzzi i miei appunti sul nuovo modello, per il vero ancora pasticciati e scritti più come promemoria personale che altro, Nicola Cabibbo mi fece sapere proprio tramite Mario che a parer suo la meccanica e l'elettrodinamica quantistica erano teorie già sufficientemente precise nelle previsioni da non dover richiedere ulteriori indagini teoriche, tanto meno sarebbe stato il caso di indagare sulla natura di una costante fondamentale come quella di Planck, già ben nota e sperimentalmente perfettamente misurabile. Quest'affermazione mi colpì e mi lasciò sinceramente stupito.

Lo sviluppo teorico del modello e la scoperta di una prova che fosse soprattutto per me convincente, arrivò solo dopo il 1985, ma fu sempre il 1989 l'anno migliore. Avevo steso una lista nera dei punti critici del modello e delle affermazioni ancora in attesa di una rigorosa dimostrazione. Quell'anno, punto dopo punto riuscii a dimostrare tutto quanto ancora richiedeva una rigorosa verifica, prima fra tutte la funzione di struttura del campo elettromagnetico. Da quel momento chi si fosse avventurato in uno studio approfondito del modello non avrebbe trovato intoppi, tutto scorreva in modo liscio e rigoroso. Soprattutto l'aver ottenuto una dimostrazione rigorosa di ciò che avevo inizialmente solo intuito, mi permetteva finalmente di essere convincente con me stesso e poi con il resto del mondo.

Max Planck.

La completa equivalenza fenomenologica tra *"sorgente elettromagnetica di dipolo"* e *"fotone"* detto di *"scambio"* o anche *"mediatore"* perché responsabile dello scambio di energia e quantità di moto tra due particelle cariche in interazione, mi permise di ottenere risultanti concettualmente nuovi nell'ambito della comprensione del legame tra fenomeni elettromagnetici e quantistici. Formalmente e quantitativamente, il calcolo dell'energia e della quantità di moto associate alla componente radiale del campo elettromagnetico del dipolo erano in perfetto accordo con quanto previsto in termini quanto - meccanici per un fotone. L'energia e la quantità di moto scambiata tra le particelle del dipolo risultava proporzionale alla frequenza e la costante di proporzionalità era oltre ogni ragionevole dubbio proprio la costante d'azione di Planck.

La nascita della Meccanica Quantistica può essere fatta risalire al 1900 ad opera di Max Planck. L'introduzione della cosiddetta *prima quantizzazione* (dell'energia) fu inizialmente un'ipotesi *ad hoc* per tentare di dare una spiegazione alle anomalie dello spettro della radiazione di corpo nero, altrimenti non giustificabili nel quadro della teoria elettromagnetica classica. La *"catastrofe ultravioletta"*, soprannome spiritoso dato alla distribuzione di energia ottenuta teoricamente e indipendentemente sia da Raylegh che da Geens per tentare di spiegare per via elettromagnetica lo spettro della radiazione di corpo nero, prevedeva invece, contrariamente alle evidenze sperimentali, un'emissione elettromagnetica con potenza infinita, dimostrando l'inadeguatezza della teoria elettromagnetica dell'epoca a comprendere questo fenomeno. La nuova idea di base introdotta da Planck, imponeva a differenza di quella elettromagnetica che gli scambi energetici tra materia e radiazione elettromagnetica in equilibrio termodinamico ad una certa temperatura, fossero possibili solo se prodotti in multipli di quantità discrete proporzionali alla frequenza della radiazione: i cosiddetti *"quanti"* di energia, cioè proprio i fotoni.

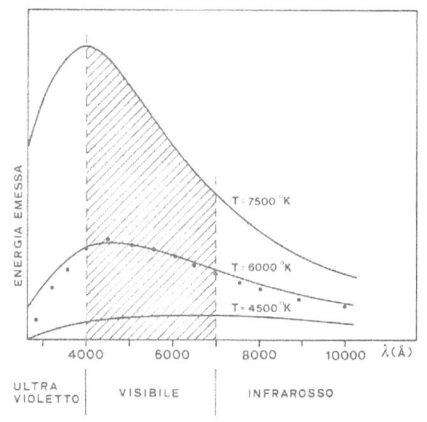

Spettro di corpo nero.

All'epoca, l'ipotesi di Planck si rivelò il solo modo valido di giustificare teoricamente la curva sperimentale dell'intensità di radiazione dello spettro di corpo nero, senza che questo permettesse però di comprenderne il vero e profondo significato. La valutazione della costante di Planck poteva essere possibile solo per via sperimentale e così continuò ad esserlo per i successivi 90 anni. Ora i risultati del modello offrivano invece una nuova possibilità, oltre a sconvolgere la "fondamentalità" della costante d'azione, per la prima volta ne prevedevano il valore con una precisione comparabile a quella sperimentale. La costante di struttura fine, alfa, compare poi nella teoria in modo del tutto indipendente da ogni altra costante fisica, possedendo come unica incertezza il limite del calcolo numerico. In pratica i valori teorico e sperimentale coincidono perfettamente. Se ciò da una parte priva la costante di Planck, intendo quella storica, del ruolo di *"costante fondamentale"*, dall'altra lo passa alla costante di struttura fine, con la sola differenza che una costante fondamentale che si rispetti non deve essere calcolabile ma solo misurabile, mentre alfa nell'ambito del modello era ed è perfettamente calcolabile. Nemmeno alfa allora potrebbe essere definita fondamentale, in quanto si presenta come una costante di struttura basata sulla geometria del campo elettromagnetico della sorgente.

ⴲⴲⴲ

6. - I Fisici "ortodossi"

Nel 1990 terminò la faticosa opera iniziata nel 1989 di pubblicazione del modello sul "Physics Letters A", una delle più prestigiose riviste internazionali specializzate nella pubblicazione rapida di ricerche e idee innovative. Il modello, proposto inizialmente sotto forma di congettura quanto – elettromagnetica, era finalmente oggetto dell'attenzione della comunità scientifica mondiale. Mandai immediatamente a quanti si erano interessati negli anni al mio lavoro le copie degli articoli. Laura mi rispose quasi subito con una lettera molto gentile, nella quale pur dichiarando grande interesse per il mio lavoro, si scusava per non avere avuto fino ad allora né la possibilità, a causa della presenza di colleghi *"ortodossi"*, di invitarmi a Padova per una conferenza, né il tempo di studiare a fondo il primo degli articoli pubblicati, così difficilmente avrebbe avuto tempo per studiare anche questi ultimi ben più complessi. Sicuramente quello fu un modo gentile per farmi sapere che nessun'altro del suo gruppo di ricerca avrebbe voluto perdere del tempo.

L'ortodossia in fisica è un atteggiamento sempre più diffuso che, soprattutto oggi, rischia di minare le basi del sapere. Per capire cosa si intende per "ortodossia" in fisica, occorre comprendere le sottili differenze tra "progresso", "sapere" e "conoscenza". Il progresso è l'atto che porta a nuova conoscenza superando e migliorando il quadro delle conoscenze pregresse appartenute ad un determinato periodo storico, con la consapevolezza però che la conoscenza raggiunta non sarà mai ultima e definitiva, in quanto è probabilmente solo un passo a cui ne seguirà sempre un altro e un altro ancora: *"sapere aude!"* ovvero, *"abbi il coraggio di conoscere"* era il motto illuminista. La conoscenza è per così dire l'obiettivo del sapere. Se la conoscenza fosse sempre l'evoluzione ultima e assoluta del sapere, raggiunta la quale nulla può più modificarsi, non potrebbe più esserci progresso e nuova conoscenza, così noi sappiamo che la Terra non è piatta, che il Sole si trova al centro del sistema solare e nulla potrà più in alcun modo modificare queste conoscenze ma sappiamo anche che la meccanica di Newton ha già subito due rivoluzioni, quella relativistica nel mondo del macroscopico e quella quantistica nel mondo del microscopico. Data la quantità di cose che sembrano ancora non certe e proprio questi ultimi anni sembrano dimostrarlo, né relatività né meccanica quantistica probabilmente si fondano ancora su concetti immutabili, perciò fino a prova contraria non possono essere considerate teorie finite e immutabili, quindi stadi finali della conoscenza.

Un eretico al rogo.

Gli ortodossi ovviamente ammettono il progresso ma solo all'interno della conoscenza già acquisita e stabilizzata o a fronte di evidenze sperimentali inconfutabili, quindi se non accidentalmente il sapere non potrebbe mutare perché a priori viene rifiutato qualunque approccio che prenda spunto da idee innovative. Ovviamente dal punto di vista di un fisico "ortodosso" tutti quelli che non la pensano allo stesso modo sono "eretici".

Nel 900' Max Planck e Albert Einstein al pari di molti altri colleghi del passato avrebbero potuto essere considerati dalla comunità scientifica dell'epoca degli "eretici" tanto quanto Giordano Bruno e Galileo Galilei per la Chiesa del 500', d'altra parte se per assurdo proprio Planck e Einstein fossero stati degli "ortodossi", mai avrebbero scoperto quel che hanno scoperto, mai saremmo arrivati alla moderna meccanica

Statua di Giordano Bruno a piazza Campo dei Fiori a Roma.

quantistica e lo studio della fisica si sarebbe limitato all'applicazione delle sola meccanica newtoniana o lagrangiana che fosse. Mi rassegno perciò volentieri ad essere tuttora considerato un "eretico".

בבב

7. – Il principio di indeterminazione

Cortile del centro Ettore Majorana di Erice, Trapani.

Le potenzialità inattese dell'elettromagnetismo sembravano a quel punto poter dare alla Meccanica Quantistica e alle teorie ad essa correlate delle basi più forti, trasformando la congettura iniziale in un vero e proprio "*ponte*" il "*bridge*" concettuale e fenomenologico tra Elettrodinamica classica e quantistica: la "*Bridge Theory*" nasceva e le sorprese non erano finite.

A partire dal 1989, con la pubblicazione sul *Physics Letters A* del primo articolo nel quale si proponeva la congettura quanto–elettromagnetica, e poi nel 1990 con i due articoli successivi pubblicati sulla medesima rivista, veniva dimostrato che in una sorgente di dipolo esistono precisi limiti di estensione spazio-temporale dell'interazione tra le cariche, rispettati i quali era possibile calcolare teoricamente i valori delle costanti di struttura fine e di Planck con una precisione mai raggiunta prima. Con mia somma soddisfazione nel mondo scientifico internazionale questi tre articoli crearono un po' di scompiglio: in fondo era quel che speravo. Pensavo spesso al ritaglio di giornale sulla bacheca del centro Majorana di Erice che riportava l'intervista a Dirac e alla fatica che avevo fatto quel giorno per tacere quel segreto che avrei voluto raccontare a tutti. Ora non era più un segreto.

In quel periodo ricevetti decine di lettere di interessamento e richieste di copie dei lavori da altrettante università e centri di ricerca sparsi per il mondo, soprattutto da gruppi di ricerca sperimentale che lavoravano in ottica quantistica ed elettrodinamica, ma da università e centri di ricerca italiani non ricevetti proprio nulla. Nel frattempo la collaborazione scientifica con Guido cominciava a dare i primi frutti. Interminabili

55

discussioni ed elaborazioni formali, a volte anche trascorse in allegria, ci permisero di approfondire la conoscenza del modello che diventando sempre più corposo, cominciava a svelare la natura fino a quel momento ancora nascosta del mondo quantistico. Fu così che un passo dopo l'altro mi resi conto di come la Meccanica Quantistica altro non fosse che un metodo elegante e potente, per descrivere dal punto di vista di un osservatore macroscopico, aspetti fisici altrimenti non osservabili e misurabili di un medesimo fenomeno microscopico, che però aveva anche effetti misurabili nel mondo macroscopico dell'osservatore: la creazione di una quantità quasi infinita di sorgenti elettromagnetiche di dipolo prodotte tra una carica e le particelle di segno opposto del resto dell'Universo.

L'istituto di fisica di Copenaghen.

Per quanto sintetica ed elegante, la Meccanica Quantistica con la sua struttura concettuale imposta dall'interpretazione di Copenaghen è una teoria dogmatica, incapace di descrivere la realtà del fenomeno fisico, ma in grado di descrivere perfettamente la realtà sperimentale dell'osservatore. Capimmo che sarebbe stato molto difficile far accettare un punto di vista decisamente monistico da un mondo di seguaci di una teoria che per definizione non accetta il riduzionismo.

Il lavoro di ricerca intanto proseguiva, fenomeni inattesi ci permisero di aprire nuovi filoni di indagine, soprattutto ci permisero di comprendere come la congettura si incuneava tra fisica classica e fisica quantistica, facendoci intravedere la possibilità di dare una spiegazione su base elettromagnetica non solo alle fenomenologie puramente quantistiche come il principio di indeterminazione e lo spin, ma anche a fenomenologie ibride di tipo quanto-relativistico come il dualismo onda-materia, nel quale per una stessa particella l'essere contemporaneamente onda e materia avrebbe dovuto fare a pugni.

Dopo la pubblicazione nel 1990 dei successivi due articoli della trilogia (vedi bibliografia [1-3]), forte della dimostrazione della congettura e di risultati eccezionali sulla natura fisica della quantizzazione e sulle costanti di struttura fine e di Planck, tentai di interessare al mio lavoro colleghi della mia e di altre università italiane. A meno di rare eccezioni fu fatica sprecata. Pur rimanendo l'interesse sul tema immutato a livello internazionale, in Italia questi risultati sembravano non destare alcun interesse.

Ero perfettamente consapevole che la fisica che stavo scrivendo poteva essere solo una lettura possibile e parziale della realtà, un semplice punto di vista, ben distante dalla realtà fisica del mondo, quello vero intendo, ma i fenomeni che ora si potevano spiegare a partire dal modello di sorgente dipolare cominciavano ad essere veramente tanti.

Oltre a risultati numericamente incontrovertibili, perché in accordo con la realtà fisica sperimentale, uno dei maggiori successi ottenuti verso la fine del 1989 fu la giustificazione del *principio di indeterminazione di Heisenberg*. Il principio di indeterminazione nella sua forma rigorosa è uno tra i fenomeni più "quantistici" della Meccanica Quantistica. Secondo la storica interpretazione di Copenaghen, dovuta principalmente ai lavori di Niels Bhor e Werner Karl Heisenberg, la Meccanica Quantistica è una teoria irriducibile, ovvero il suo modo probabilistico di descrivere la natura duale della materia non nasconde come potrebbe sembrare, la "non esatta" conoscenza delle leggi fisiche che governano il mondo del microscopico, ma descrive proprio il

W. K. Heisenberg

comportamento esatto della natura, cioè è la natura ad essere proprio così.

Se da una parte l'irriducibilità semplifica perché non ci si deve più chiedere il perché delle cose, dall'altra impone come atto di forza l'accettazione assoluta e indiscussa di una realtà che è vera per definizione.

In perfetta armonia con tale posizione filosofica si colloca il principio di indeterminazione di Heisenberg. Il principio afferma che non è possibile effettuare con precisione arbitraria la misurazione contemporanea di variabili fisicamente coniugate come: *quantità di moto* e *posizione* di una particella oppure *energia* e *tempo*, dato che il processo di misurazione di una delle due variabili coniugate altera lo stato dinamico ed energetico della particella modificando il valore della variabile coniugata. Perciò il principio d'indeterminazione descrive la simultanea perdita di informazione sulle variabili coniugate secondo un preciso schema: il prodotto delle misure delle variabili coniugate è sempre maggiore uguale al valore della costante di Planck.

La nostra spiegazione, pur continuando a giustificare la fenomenologia del principio di indeterminazione di Heisenberg era decisamente più semplice e violava, come l'interpretazione di Copenaghen non vorrebbe, il principio di irriducibilità della Meccanica Quantistica.

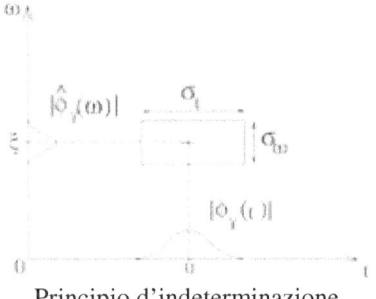

Principio d'indeterminazione.

In generale una particella è sempre sensibile ad un campo di forza e una particella carica può essere osservata solo attraverso l'interazione con un'altra particella carica. Nel caso elettromagnetico l'interazione produce sorgenti e il fatto poi che le sorgenti di dipolo possano essere prodotte senza limitazioni di lunghezza d'onda, implica che un

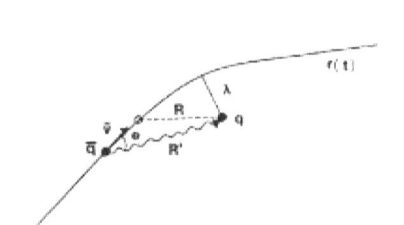

Schema d'interazione di una coppia di cariche.

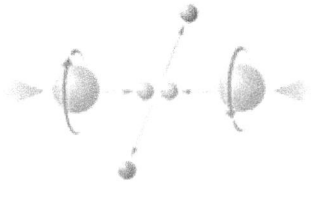

Schema di collisione tra due particelle con spin relativo ad uno scambio di energia e quantità di moto in una coppia elettrone-positrone.

osservatore macroscopico possa essere interno al volume del primo fronte d'onda della sorgente, cioè esserci esattamente seduto dentro.

Per esempio, prendiamo in considerazione una sorgente con una lunghezza d'onda nell'intervallo delle onde radio. Un osservatore interno al primo fronte d'onda sferico della sorgente, essendo più vicino al centro, può misurare un'energia e una quantità di moto elettromagnetica minore uguale a quella localizzata in tutto il volume delimitato dal fronte d'onda. Dato che l'energia e la quantità di moto complessivamente localizzate corrispondono a quelle di un fotone, per questo osservatore il prodotto tra le misure della quantità di moto e della propria distanza della sorgente, definirà un principio d'indeterminazione per osservatori interni al fronte d'onda: il prodotto delle variabili coniugate in questo caso è sempre minore uguale alla costante di Planck. Viceversa, se l'osservatore non può essere contenuto nella sorgente perché la lunghezza d'onda è troppo piccola e questo accade per ogni osservazione microscopica, dove la lunghezza d'onda della sorgente è minore uguale a quella dei fotoni dello spettro elettromagnetico emessi nella zona sub-radio, l'osservatore percepisce la sorgente come una zona dello spazio impenetrabile nella quale è contenuta energia e quantità di moto, un "quanto elementare" all'interno del quale non è possibile in alcun modo né introdurre un osservatore né tantomeno uno strumento di misura.

Per un osservatore posto all'esterno della sorgente vale perciò un principio d'indeterminazione identico a quello di Heisenberg: il prodotto delle variabili coniugate è sempre maggiore uguale alla costante di Planck, dimostrando così come anche questo fenomeno dipenda solo dal differente ordine di scala del sistema osservato

59

(microscopico) rispetto a quello del sistema di osservazione (macroscopico) e non da un principio assoluto irriducibile.

ﬠﬠﬠ

8. - "Bridge Theory": l'inizio. Un ponte tra determinismo e indeterminismo

Niels Bhor e Albert Einstein in un momento di relax.

Non potendo occuparci simultaneamente di tutto quanto stava rapidamente affiorando dallo sviluppo della teoria, iniziammo nei primi mesi del 1991 a lavorare su due filoni che ci parevano particolarmente stimolanti e tutto sommato indipendenti: il dualismo onda corpuscolo e lo spin. Per quanto la Meccanica Quantistica desse perfettamente spiegazione delle proprietà degli stati atomici in termini di energia e momento angolare di spin degli elettroni orbitali, l'unità del sistema "atomo" se esaminata in termini di sorgenti di dipolo, avrebbe potuto portare ad una semplificazione del sistema fisico con una riduzione del numero delle variabili dinamiche che lo descrivono. Bisognava però avere la forza, e soprattutto il coraggio, di andare controcorrente abbandonando completamente lo schema proposto dalla meccanica quantistica tradizionale.

All'epoca, la corrispondenza sia formale che quantitativa tra le grandezze energia e impulso di una "sorgente di dipolo" e le corrispondenti grandezze di un "fotone" di pari lunghezza d'onda, lasciava sperare di poter dare una spiegazione più profonda a molti aspetti della fenomenologia e del formalismo quantistico.

Dal punto di vista dinamico, due particelle cariche in moto relativo posseggono un'energia cinetica e una quantità di moto determinabili solo a partire dalla conoscenza delle loro masse a riposo e delle loro velocità rispetto all'osservatore. Per noi invece la conoscenza delle masse delle particelle non era necessaria, ci bastava la quantità di moto. Più grande è la componente della quantità di moto lungo la linea di interazione che congiunge la particella incidente con la particella bersaglio, minore è il parametro d'urto, cioè la distanza minima d'interazione che possono raggiungere le cariche prima di allontanarsi nuovamente. La maggior vicinanza tra le cariche localizza un maggior impulso e una maggiore energia nell'intorno spaziale della sorgente.

Il parametro d'urto, cioè la minima distanza d'interazione, direttamente connessa con la lunghezza d'onda di emissione della sorgente in formazione, dimostrava la straordinaria proprietà di racchiudere e "memorizzare" in sé tutte le condizioni dinamiche che permettono di descrivere la collisione e che determinano l'energia e l'impulso del "fotone". Tutto ciò a prescindere dal valore effettivo delle masse delle particelle in collisione. La massa non sembrava essere prevista.

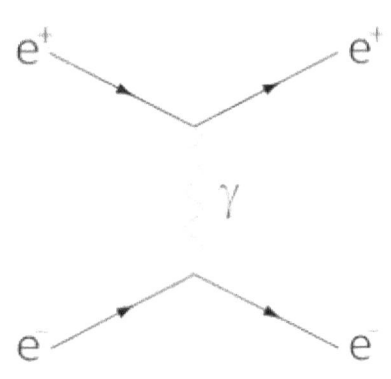

Diagramma di Feinman. Scambio di un fotone in una coppia elettrone-positrone.

La quantità di energia e la quantità di moto localizzate nell'intorno della sorgente durante l'interazione erano pari a quelle di un fotone, una analogia troppo forte con la fenomenologia quantistica nella quale l'interazione tra due particelle si realizza mediante l'emissione e l'assorbimento di un fotone detto "di scambio", per essere una semplice coincidenza. La cosa non poteva non incuriosirmi. Questa proprietà della sorgente di dipolo mi consentiva di trattare la "collisione" tra due particelle cariche solo dal punto di vista elettromagnetico e suggeriva che la massa non fosse invece necessaria.

La massa di un corpo, anche se microscopica come in una particella subatomica, è la misura di quanto sotto l'azione di una forza esterna il corpo stesso "resiste" al cambiamento del proprio stato di moto. Quindi la massa è la misura dell'inerzia di un corpo, una qualità della materia misurabile solo mediante una forza che riesca a metterla in evidenza. Ha senso parlare di massa solo se siamo in grado di interagire con essa e non ha alcun senso fisico parlare di inerzia se non sono presenti forze attive esterne che siano in grado di metterla in evidenza.

Per quanto abbiamo appena detto, per misurare la massa delle particelle che formano un dipolo occorre che queste siano soggette ad una forza reciproca, cosa che di fatto accade sempre durante la formazione di una sorgente elettromagnetica o durante il processo di cattura di un elettrone da parte di un nucleo atomico. Nonostante ciò, la massa delle particelle non compariva nel modello di sorgente, continuando ad essere una variabile nascosta apparentemente non essenziale né per l'energia né per la quantità di moto messa in gioco durante la collisione.

Una coppia di cariche in moto relativo nello spazio interagiscono lungo il loro asse di dipolo localizzando mediante la sorgente in formazione energia e quantità di moto elettromagnetica: proprio questa era la fenomenologia che si accordava con quella del fotone di scambio descritta dalla Meccanica Quantistica.

Se in condizioni limite il moto tra le due particelle fosse avvenuto molto lentamente con velocità relativa tendente a zero, cioè il moto tra le cariche non fosse stato strumentalmente percepibile dall'osservatore, l'interazione sarebbe stata essenzialmente statica. In questo caso la durata del tempo di collisione sarebbe stata infinita e l'energia e la quantità di moto localizzate dalla sorgente sarebbe stata nulla quanto l'energia e la quantità di moto di due particelle immobili. In ogni altra situazione invece, la coppia di cariche in moto acquista un'inerzia definibile proprio in funzione della reciproca interazione, quindi dell'energia e dalla quantità di moto che

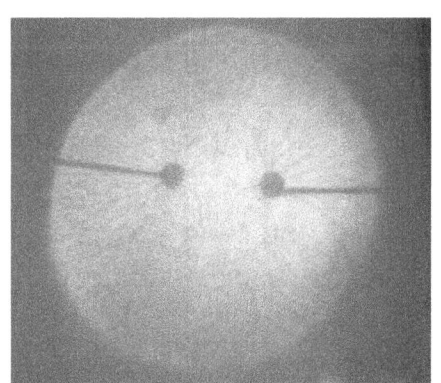

Il diagramma di Dalitz mette in evidenza la presenza di massa nei prodotti di interazione ad alta energia fra particelle.

Dipolo statico. Il campo è reso visibile per mezzo di un mezzo materiale.

63

caratterizzano la sorgente.

Se per ipotesi considerassimo due particelle in interazione di uguale massa, durante la collisione ognuna, dipendentemente dal proprio punto di osservazione avrebbe il ruolo simmetrico di particella osservatore (bersaglio) e di particella incidente (proiettile), ma l'unica delle due a possedere l'energia cinetica e la quantità di moto in grado di alimentare la sorgente in formazione sarebbe la particella incidente, ovviamente per la simmetria del punto di osservazione questo varrebbe specularmente per entrambe le particelle, ma solo per una di esse se ci riferissimo al riferimento del laboratorio. A questo punto, per i principi di conservazione, l'energia e la quantità di moto della sola particella incidente dovrebbero trasformarsi nelle analoghe quantità elettromagnetiche, alimentando così la sorgente di dipolo. Allora diventava d'obbligo una domanda: è solo la particella incidente a perdere la propria identità inerziale materiale iniziale, acquisendo in accordo con il principio di Louis de Broglie le caratteristiche di un'onda?

Quando nel 1995 iniziai a mettere nero su bianco per tentare di formulare una vera e propria teoria, provando ad applicare i principi di conservazione dell'energia e della quantità di moto al sistema formato da una coppia e dalla relativa sorgente prodotta, ebbi una sorpresa. Avevo intuito che la simmetria tra osservatore e bersaglio giocava un ruolo dominante, d'altronde questa è la base della teoria della relatività. Il problema non si limitava però alla sola reciprocità dei ruoli.

Proprio tentando di affrontare la questione mi resi conto che esisteva un insieme di punti di osservazione privilegiato: quello di tutti i punti dello spazio allineati sulla perpendicolare all'asse

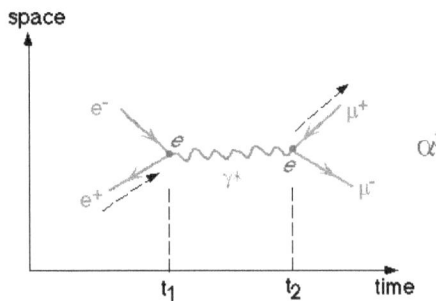

Diagramma di Feynman raffigurante una annichilazione e⁻ e⁺ di una coppia di muoni con creazione di una coppia di muoni. L'interazione è mediata da un fotone virtuale. Il punto di vista di osservazione del diagramma di Feynman è il centro di massa del sistema, quindi entrambe le particelle partecipano allo scambio di energia e quantità di moto. Il quadrato di alfa misura l'accoppiamento relativo all'interazione debole tra le particelle.

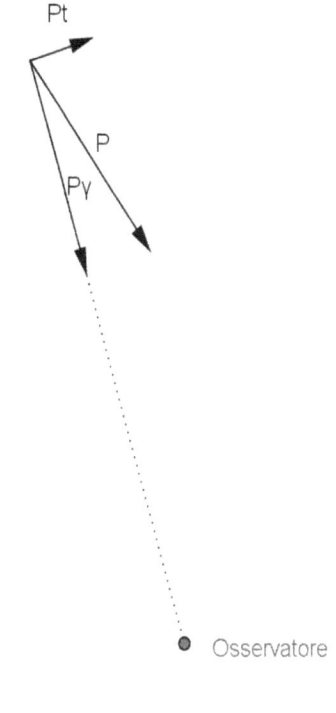

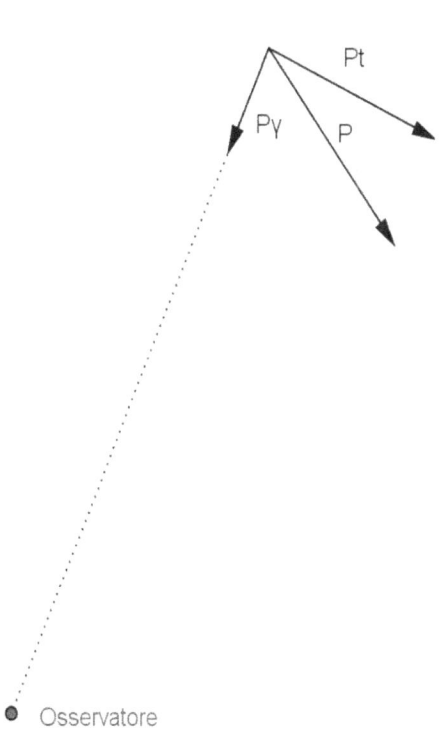

I due osservatori delle immagini precedenti misurano lungo la linea di osservazione per una stessa sorgente differenti momenti P_γ .

di dipolo passante per il centro di massa delle due particelle. Rispetto a questo particolare luogo di punti dello spazio, peraltro non statico rispetto al sistema del laboratorio, la sorgente è sempre vista acquisire tutta l'energia e la quantità di moto associate alle particelle in collisione, ma rispetto ad un qualunque altro osservatore, parte dell'energia e della quantità di moto delle particelle non avrebbe potuto diventare energia e quantità di moto della sorgente, perché associata ad una componente di moto relativo del centro di massa, sempre trasversale rispetto alla direzione di osservazione; un po' quel che succede quando guardiamo un aereo muoversi all'orizzonte, non conosciamo esattamente né la sua direzione di moto né la sua velocità ma possiamo apprezzarne la velocità lungo la direzione perpendicolare alla linea del nostro sguardo, appunto quella trasversale.

Per risolvere la questione occorreva accettare che l'energia e la quantità di moto totali coinvolte nella produzione della sorgente fossero sempre le stesse per tutti gli osservatori riferiti al centro di massa, ma che invece fossero differenti l'energia e la quantità di moto viste emettere da una medesima sorgente per diversi osservatori a riposo in diverse direzioni di osservazione, e questo proprio perché variano l'energia e la quantità di moto associate al moto trasversale della sorgente rispetto alla direzione di osservazione. L'applicazione di questo principio di invarianza portò rapidamente a conclusioni perfettamente equivalenti a quelle raggiunte nel 1905 da Albert Einstein con la teoria della relatività speciale nel caso di un doppler tra sorgente e osservatore: l'energia totale misurata di una sorgente in movimento, dipende dalla velocità relativa rispetto all'osservatore ma anche dalla direzione di osservazione.

65

Equivalenza massa energia.

$$\lambda_{dB} = \frac{h}{mv}$$

Provai una grande emozione quando assegnando uno valore arbitrario di massa a riposo alle due particelle in collisione, mi ritrovai coerentemente con il modello l'ormai famosissima equazione relativistica dell'energia totale di una particella. In questo caso l'equazione aveva un preciso significato: indicava l'esistenza di un limite superiore all'energia disponibile per la formazione della sorgente.

L'interazione fra le cariche delle particelle, permetteva di convertire una parte dell'energia totale, quella per noi osservabile come inerzia, in energia elettromagnetica pura, localizzandola nell'intorno della sorgente sotto forma di "quanto". Nel caso poi si assumesse che una delle due particelle è ferma e l'altra in movimento, la massima energia spendibile nell'interazione non può superare l'energia totale della particella incidente, cioè l'energia totale relativistica. Se poi il fotone prodotto dalla sorgente non fosse assorbito dalla materia circostante, l'energia e la quantità di moto ad esso associate verrebbero propagate nello spazio circostante con un'onda elettromagnetica sferica di lunghezza pari a quella prevista da Louis de Broglie.

Un tale risultato ottenuto dall'applicazione delle leggi di conservazione al modello di sorgente, oltre ad essere sorprendente, cominciava a chiarire il collegamento esistente tra fenomeni meccanici relativistici e fenomeni quantistici, nesso che prima di allora al di là di quel che sapevo per la Meccanica Quantistica mi era sempre stato oscuro: la "Bridge Theory" stava progredendo.

Il dualismo onda materia, cominciava ad avere una vera ragion d'essere, soprattutto era stato sancito in termini elettromagnetici il principio di un legame inscindibile tra carica e anticarica: nessuna particella può avere comportamenti ondulatori se non forma almeno una sorgente con una particella di carica opposta, dato che una coppia è per definizione formata da una carica e dalla sua anticarica, dal momento in cui una coppia è creata e interagisce, se lo spin delle particelle è quello giusto, ciascuna delle due mantiene tramite la sorgente un legame perenne e indissolubile con le propria compagna antiparticella. Un legame perciò tra "materia" e "antimateria" indipendente dalla distanza, dal tempo e dall'energia impegnata.

In un tale universo di coppie, trascorso un tempo adeguato dalla creazione di ciascuna coppia, ogni particella materiale interagirà con ogni altra antiparticella con cui è riuscita ad entrare in "contatto" tramite il proprio campo elettromagnetico, mettendo a disposizione di tutte le sorgenti prodotte una quota della propria energia e quantità di moto totale. Si crea così un collegamento indissolubile tra tutta la "materia" dell'Universo. Ma le particelle neutre, cioè prive di carica, come si collocherebbero in questo modello? Se pensiamo al quadro generale del modello standard, esclusi i neutrini che sono privi di carica e praticamente di massa, tutte le altre particelle cioè i quark, gli elettroni, i muoni e i tau sono tutte particelle cariche per ciascuna delle quali esiste l'antiparticella.

La creazione di una multi – sorgente globale, in cui ogni particella è dotata di un proprio spin, poteva essere la chiave vincente per descrivere ciascuna particella come un pacchetto d'onde ottenuto dalla sovrapposizione delle onde elettromagnetiche emesse dalle sorgenti prodotte nella multi-interazione e non come sovrapposizione di onde di densità probabilità come la Meccanica Quantistica vorrebbe. Lo stato dinamico complessivo di ciascuna particella è in

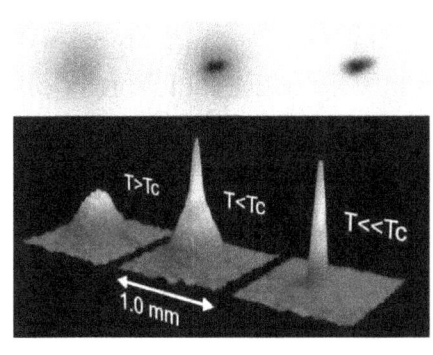

Condensato di Bose Einstein ottenuto con un gas di fotoni. A temperature prossime allo zero assoluto i fotoni tendono ad occupare lo stesso spazio comportandosi come un unico "super fotone". Nella multi-interazione questo corrisponde raffreddare e concentrare i fotoni in uno spazio molto piccolo.

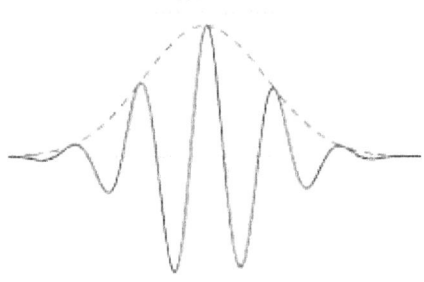

questo caso descritto da una sovrapposizione di infiniti stati dinamici, ciascuno compatibile con una sola delle sorgenti create, associate con un'onda di lunghezza compatibile con quella di de Broglie. La loro sovrapposizione forma il pacchetto d'onde che in Meccanica Quantistica descrive la particella. Tutt'al più, considerando che le sorgenti che descrivono il pacchetto d'onda sono davvero tante ma non infinite, in quanto il concetto di infinito è solo un'astrazione matematica, l'energia di ciascuna sorgente coinvolta nella descrizione di una particella è davvero bassa, perché la somma totale delle energie associate alla moltitudine di sorgenti non può certo superare quella totale della particella stessa. In questo senso le sorgenti descrivono delle onde che non sono propriamente vuote ma quasi, ovvero trasportano ciascuna una quantità talmente minima di energia e quantità di moto che potrebbero essere assimilate a delle onde vuote.

வ வ வ

9. – Spin ed effetti superluminali in Bridge Theory

Alla fine del 1995 andai a trovare Mario Rasetti. Conobbi Mario nel 1977 in occasione dell'organizzazione presso l'Unione Culturale "Franco Antonicelli" di Torino, di alcune conferenze su quelle che allora venivano chiamate "fonti energetiche alternative". Mario mi aveva invitato dieci anni prima presso il Dipartimento di Fisica del Politecnico di Torino per tenere una conferenza dal titolo "la natura elettromagnetica del fotone". Il nuovo incontro, oltre a ravvivare un'antica e piacevole conoscenza, mi permise di fare il punto della situazione sullo stato delle mie ricerche. In particolare c'era uno sviluppo del tutto nuovo che riguardava gli effetti auto-gravitazionali dei fotoni previsti dalla Bridge Theory.

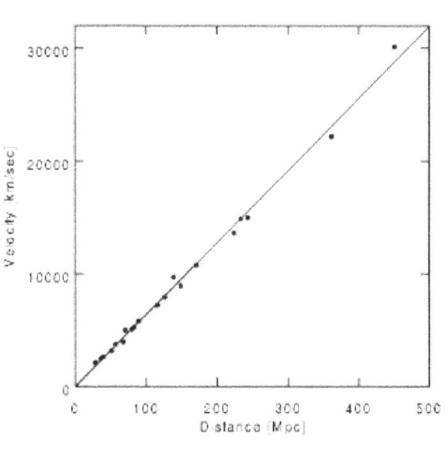

Legge di Hubble: le galassie appaiono allontanarsi da qualunque osservatore con una velocità di recessione proporzionale alla distanza. La previsione della BT era in perfetto accordo con i dati osservativi .

Per quanto minuscoli, gli effetti gravitazionali prodotti dalla localizzazione di energia elettromagnetica nell'intorno delle sorgenti, sembravano rendere conto dello spostamento verso il rosso degli spettri stellari, giustificando persino alcuni red-shift anomali associati a galassie in mutua interazione. Le anomalie, note fin dagli anni settanta, sembravano fino a quel momento non aver trovato una vera e propria spiegazione. In questo caso l'entità dello spostamento verso il rosso degli spettri ottici associati a corpi galattici o ammassi lontani previsto dal modello, era perfettamente in accordo con quello attribuito nel 1924 da Edwin Hubble al red-shift cosmologico nel quadro delle equazioni di Einstein, il nostro universo sembrava conformarsi, contrariamente a quanto sino ad allora creduto, ad un universo perfettamente euclideo. Affermazione all'epoca perlomeno blasfema.

Il nostro incontro fu piacevole e interessante,

specialmente per le prospettive che sembravano presentarsi. Mario mi invitò a scrivere un articolo per *l'International Journal of Modern Physics B*, del quale era editor, proprio in relazione a quegli ultimi sviluppi in ambito cosmologico della neonata teoria. Nel frattempo con Guido stavamo sviluppando a partire dalle sorgenti di dipolo un modello di spin su base elettromagnetica. All'epoca fu proprio Guido, più interessato agli aspetti subatomici della materia di quanto lo fossi io, a spingere verso questo filone di ricerca.

Le possibilità di riuscire a comprendere nella Bridge Theory anche lo spin di una particella erano buone. La propagazione dell'energia emessa da una sorgente elettromagnetica è in generale descritta da una grandezza fisica vettoriale chiamata vettore di Poynting. Nel caso di una sorgente elettromagnetica di dipolo, non tutta l'energia prodotta è però istantaneamente emessa, in quanto il vettore che descrive la propagazione dell'energia non è ovunque radiale rispetto al centro virtuale della sorgente, quindi il vettore di Poynting rispetto ad un osservatore esterno ha sempre due componenti, una radiale sempre diretta verso l'osservatore e una trasversale variabile con l'angolo di emissione, sempre normale rispetto alla direzione di osservazione. Entrambe le componenti radiale e trasversale del vettore di Poynting si riducono gradualmente a zero man mano che ci si allontana dal centro della sorgente, ma mentre la riduzione della componente radiale corrisponde ad un minor flusso di energia che investe l'osservatore, la riduzione della componente trasversale con la distanza ha l'effetto di localizzare energia e quantità di moto, in una ben determinata regione spazio temporale nell'intorno della sorgente: energia e quantità di moto che corrispondono perfettamente a quelle di un fotone.

$$\mathbf{S}(\mathbf{r}, t) = \frac{1}{\mu_0}\mathbf{E}(\mathbf{r}, t) \times \mathbf{B}(\mathbf{r}, t)$$

Vettore di Poynting

Dal punto di vista elettromagnetico, la componente trasversale del vettore di Poynting poteva essere associata ad un'onda stazionaria in rotazione intorno al centro della sorgente. Come onda stazionaria in rotazione, possedeva quindi un momento angolare intrinseco, ideale per essere proprio lo "spin" del fotone. Considerando le simmetrie del campo elettromagnetico nell'intorno del dipolo, il momento angolare risultava dipendere dall'asse di simmetria rispetto al quale si eseguiva la misurazione, quindi dal sistema di osservazione della sorgente nel sistema del laboratorio.

L'analisi del campo energetico associato alla componente trasversale di Poynting, mostrava una struttura di emissione angolare formata da due lobi simmetrici: questo voleva dire che due osservatori che eseguono una identica misura di momento angolare su lati speculari della sorgente, misurano spin opposti, in quanto il momento angolare di ciascun lobo non è invariante per lo scambio delle cariche positiva e negativa del dipolo.

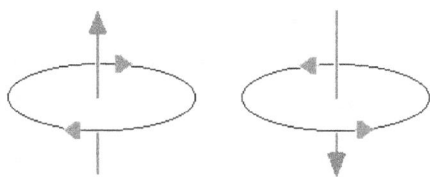

Misurato in unità d'azione di Planck, le misure del momento angolare per ogni osservatore erano in accordo con quanto previsto per una coppia di particelle di spin: +1/2 (*up*) e -1/2 (*down*). Mantenendo lo stesso asse di simmetria, ma ponendoci questa volta come punto di osservazione al centro della sorgente, il calcolo del momento angolare sull'intero campo era pari alla somma delle componenti di spin dei due lobi, quindi lo spin risultante era zero indipendentemente dallo scambio della posizione delle cariche del dipolo.

Esaminammo lo spin dal punto di vista della propagazione dell'onda emessa dalla sorgente:

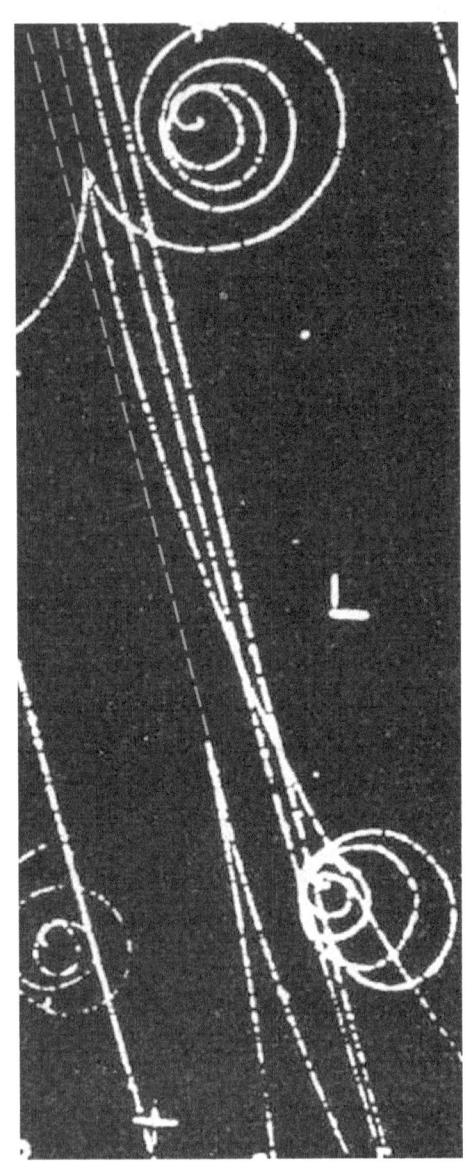

Creazione di una coppia elettrone positrone. Il tratteggio indica la traiettoria non visibile del gamma che si scompone in una coppia. La presenza di un campo magnetico crea la deflessione delle cariche in due diverse direzioni. Nel rivelatore sono anche visibili le spirali prodotte dalle traiettorie delle particelle cariche nel campo magnetico.

l'asse di emissione coincide con la direzione del vettore d'onda, sempre perpendicolare all'asse di dipolo. Per eseguire la misurazione del momento angolare dell'onda, questo è sicuramente l'asse naturale. Trovammo che anche in questo caso esistevano due possibili valori dovuti alle differenti direzioni di emissione, quindi di osservazione sui due lati speculari della sorgente: +1 e -1, entrambi corrispondenti alle due differenti polarizzazioni dell'onda emessa.

Tutti i risultati ottenuti erano comunque inseriti in un unico quadro generale. Considerando che il momento angolare associato a ciascuno dei due lobi della sorgente è in realtà associato a carica e anticarica del dipolo, nel caso di una coppia di elettroni si ha che ciascun elettrone o antielettrone può avere solo due stati di spin possibile: up o down, ma la coppia non può mai avere uguali valori. Combinando gli spin di ciascuna particella, si ottiene sempre spin zero. Tale spin è associato alla formazione di una sorgente elettromagnetica che media l'interazione tra particella e antiparticella; dal punto di vista quantistico questo è lo spin del fotone virtuale scambiato durante l'interazione della coppia di particelle. Viceversa, nel caso di osservazione dell'onda emessa dalla sorgente, l'energia e la quantità di moto vengono trasportate sotto forma di onde con spin +1 (*polarizzazione destra*) o -1 (*polarizzazione sinistra*), che polarizzando il mezzo circostante, vuoto compreso, originano sorgenti virtuali secondarie, i cosiddetti fotoni reali, che per conservazione del momento angolare mantengono i due possibili stati di spin intero.

L'esistenza di uno spin di origine elettromagnetica a partire dalla formazione di una sorgente dipolare, mi portò a fare alcune considerazioni sul problema della comunicazione a velocità infinita tra particelle. Dato che è possibile la creazione di una sorgente senza che la distanza influisca in alcun modo sul valore della costante d'azione di Planck, quindi sullo spin, un elettrone e un positrone continuano ad essere correlati con ogni altra particella con cui formano una sorgente indipendentemente dall'effettiva distanza d'interazione e dalla velocità relativa tra le particelle; sembrava proprio la costante di Planck a legarli indissolubilmente. Se mediante un'interazione con un campo magnetico si producesse un cambiamento dello stato di spin di una particella, anche la particella compagna dovrà subire un cambiamento analogo istantaneo e causale del proprio spin e come questa, anche tutte le altre particelle con cui queste sono correlate tramite le sorgenti di dipolo. Se così non fosse, si produrrebbero dei disaccoppiamenti a catena tra tutte le particelle che formano le sorgenti, con la conseguente scomparsa di energia e quantità di moto. La successiva riconfigurazione delle particelle in una nuova distribuzione di sorgenti permette quindi di conservare l'energia globale del sistema. Se così non fosse, non solo verrebbero violati tutti i principi di conservazione, ma verrebbe violato anche il principio di causalità secondo il quale se una sorgente esiste è perché una successione di eventi indipendenti hanno portato alla sua realizzazione. Proprio questo strano fenomeno di correlazione, potrebbe essere alla base dell'entanglement quantistico, un effetto che ad oggi non ha ancora né una spiegazione standard, né un'analogia in termini classici. I risultati che avevamo raggiunto nel tentativo di riuscire a comprendere la quantizzazione e lo spin, erano proprio quelli che ci volevano per completare il quadro teorico generale che definiva le proprietà della coppia elettrone positrone e il loro legame con il fotone.

Fascio laser dal quale si possono ottenere fotoni con stati "programmati".

Il quadro complessivo era sicuramente sufficiente a dare una spiegazione fisica in termini elettromagnetici a fenomeni che fino ad allora erano spiegabili solo ammettendo l'assoluta validità dei principi della Meccanica Quantistica, a quel punto parlare dei collegamenti causali superluminali, come quelli evidenziati da Bell era ancora un po' presto.

Accettando di scrivere un articolo per l'International Journal of Modern Physics B, ritenni che non ci potesse essere migliore platea per il lancio di quella che ormai chiamavamo comunemente "Bridge Theory". Decisi di abbandonare momentaneamente ogni altro filone di ricerca e invece di dare spazio ai risultati cosmologici che Mario mi aveva invitato a pubblicare e a cui stavo lavorando in quel momento, ci concentrammo sulla revisione dell'intera teoria. Nel giro di un anno e mezzo scrivemmo l'articolo per il lancio complessivo della Bridge Theory nella quale venivano spiegati molti fenomeni quantistici e dopo molti patimenti, forse perché quello non era esattamente il tema per cui Mario mi aveva invitato a scrivere o forse perché trattava in modo del tutto inconsueto la Meccanica Quantistica, finalmente nel 1999 l'articolo venne pubblicato. Nonostante l'appoggio di Mario le resistenze opposte dalla rivista alla pubblicazione dell'articolo furono veramente tante e purtroppo non sarebbero state le uniche. Erano passati venti anni esatti da quando avevo avuto le prime intuizioni, ora la Bridge Theory cominciava ad essere letta, sicuramente criticata, ma anche apprezzata; per me era diventata una grande passione oltre che il centro della mia attività di ricerca: mi trovavo ormai al punto di non ritorno della mia carriera. Cosa avrei potuto fare d'altro se non continuare?

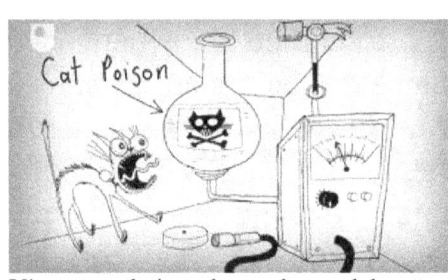

Vignetta relativa al paradosso del gatto di Schroedinger: nella scatola chiusa oltre ad un gatto c'è un meccanismo Gaiger in grado di rilevare il decadimento casuale di un atomo. Se l'atomo decade il sistema si attiva rilasciando del veleno che uccider il gatto. Dato che la probabilità di decadimento è associata quantisticamente ad un'onda di probabilità con due stati VIVO e MORTO, solo all'apertura della scatola si saprà se il gatto è vivo o morto. Fino a quel momento il gatto nella scatola è descritto contemporaneamente dallo stato vivo e morto contemporaneamente.

₪₪₪

10. – Effetti cosmologici: materia oscura e radiazione cosmica di fondo

Dopo la pubblicazione nel 1999 dell'articolo sull'IJMP B, mi potevo permettere di prendere in considerazione solo quegli aspetti della teoria che avrebbero potuto presentare sviluppi interessanti. Prima di tutto riesaminai i risultati che avevo ottenuto a riguardo del redshift autogravitazionale dei fotoni e di alcune dirette implicazioni cosmologiche. Avevo abbandonato quel lavoro ormai da parecchi anni, alcuni aspetti li avevo già presentati nel 1992 a Pavia al congresso della Società Italiana di Fisica e proprio quei risultati erano stati l'oggetto dell'incontro nel 95 con Mario Rasetti. I risultati erano ottimi, il red-shift autogravitazionale prodotto per effetto della formazione di sorgenti nello scattering della radiazione elettromagnetica con la materia interstellare e con la polarizzazione del vuoto, emulava talmente bene il redshift cosmologico da far venire dubbi a chiunque sulla realtà fisica dell'espansione esplosiva dell'universo.

Nel 1992 non sapevo che pensare, accettare i risultati ottenuti e rischiare una figuraccia o rifiutarli a priori. Nonostante i dubbi decisi di presentarli al congresso.

Ad eccezione di Carlo Castagnoli, direttore del gruppo di astronomia neutrinica dell'Istituto di Cosmo-Geofisica del CNR con cui avevo sino a pochi anni prima collaborato e con cui mi ero anche laureato, presente in aula ma che si alzò prima della mia relazione, gli altri colleghi parteciparono tutti alla sessione con tanto interesse che guadagnai persino un tempo supplementare.

La presentazione del modello teorico proponeva un universo composto da bolle spazio-temporali

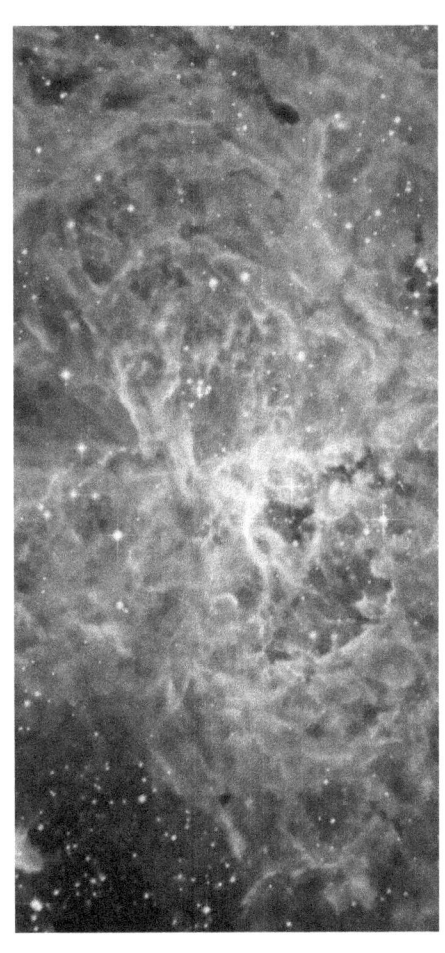

Materia interstellare in una nube cosmica.

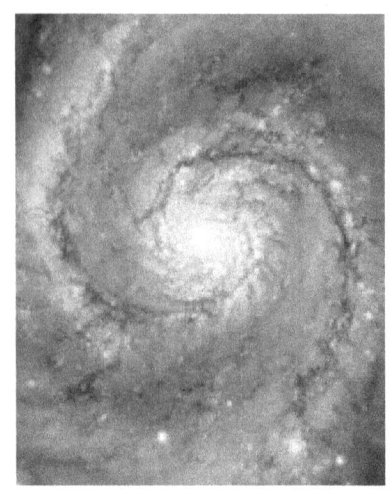

Materia in rotazione sui bordi galattici.

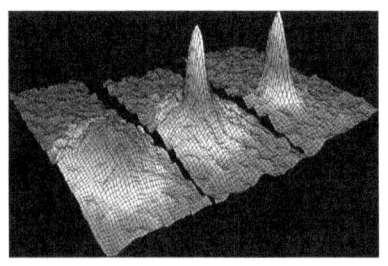

Condensati di Bose-Einstein. Il decadimento dei condensati collassati potrebbe produrre l'accrescimento dello spazio tempo.

non necessariamente comunicanti, che crescevano ai bordi accrescendo lo spazio-tempo complessivo senza però espandersi. La crescita era dovuta al decadimento di condensati di Bose-Einstein di micro-black-hole che costituivano i bordi delle bolle. Il decadimento avveniva con effetti molto simili a quelli di un gamma-ray burst, dando all'Universo nuova energia e quantità di moto. Ovviamente il modello creò un bel po' di brusio, ma quando proiettai il grafico che mostrava l'accordo strabiliante tra le velocità di recessione apparente misurate mediante i redshift spettrali galattici e quelle previste dal modello (pag. 69), un collega si alzò dal secondo banco dell'aula e avvicinandosi disse ad alta voce *"... devo capire bene! Questi dati sono proprio veri?"* Per abitudine quando preparo una conferenza o una comunicazione per un congresso, preparo sempre più slide di quante me ne potrebbero servire. Anche in quell'occasione avevo preparato qualche slide d'emergenza con i dati dei red-shift galattici utilizzati per la rappresentazione grafica. L'immagine riportava la fonte di provenienza dei dati di red-shift spettrale per le singole galasie e l'analisi dei minimi quadrati sui valori misurati. La proiettai e insieme con il pubblico la analizzai. Al termine, rivolgendosi alla platea, la stessa persona che si era prima avvicinata disse: *" ... a questo punto sulla realtà del Big Bang come lo immaginiamo c'è da avere dei forti dubbi!"* Era il 1992, l'universo inflazionario era ancora agli albori e i risultati ottenuti dieci anni dopo dalla sonda WMAP (Wilkinson Microwave Anisotropy Probe) che avrebbero potuto dar ragione al modello "a bolle" come lo avevo denominato e come è stato al modello inflazionario, erano ancora tanto lontani.

Comunque, tanto interesse e successo di pubblico a poco servì, dato che poi non fui in grado di

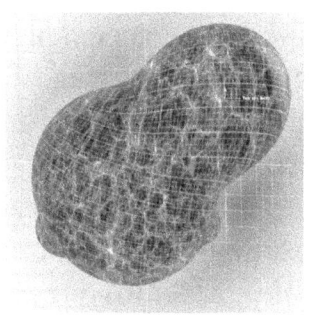

Modello della bolla del nostro Universo.

GEOMETRY OF THE UNIVERSE

OPEN   FLAT   CLOSED

Modelli gemetrici dello spazio-tempo in base a come appare il fondo a radioonde dell'universo.

pubblicare un lavoro scientifico adeguato in tempi utili. All'epoca erano ancora pochissimi ad aver letto e soprattutto approfondito i miei lavori sul Physics Letters A, cosicché quando tentai di pubblicare su riviste specializzate di una certa importanza questi ulteriori sviluppi in campo cosmologico, la bibliografia era ancora sconosciuta, soprattutto chiunque con un po' di mestiere poteva accorgersi, anche ad una prima lettura del lavoro, che venivano affrontati argomenti di frontiera con metodi e principi in gran parte ancora sconosciuti. A parte le comunicazioni presentate al congresso SIF sul modello di Universo a bolle, non pubblicai nulla di più.

Nel 1993 nacque mio figlio, avevo ancora il mio incarico all'Università di Torino e in quell'anno fui eletto alle elezioni amministrative. Il tempo da dedicare alla ricerca si era ridotto pressoché a zero. Quei calcoli sono rimasti per anni nel cassetto e ancora oggi sto pensando se dopo le ultime misurazioni dei satelliti WMAP e PLANCK e l'affermazione quasi indiscussa dei modelli inflazionari nel quale il nostro universo appare con molta probabilità essere euclideo, tentare di pubblicarle abbia ancora un senso.

Se pur a rilento, continuavo a studiare e a rivedere i calcoli relativi al dualismo onda materia che per la loro sconcertante semplicità interpretativa e fenomenologica mi stavano dando qualche grattacapo. C'era però anche dell'altro; un'interpretazione elettromagnetica della materia stava prepotentemente emergendo proprio da quegli studi.

Nel 1995 Gianfranco Bologna, sempre molto premuroso nei confronti del mio lavoro di ricerca, mi aveva fatto avere un articolo di W. Schnell, un

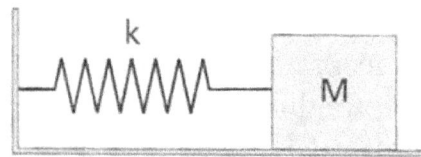

Il più semplice degli oscillatori armonici si realizza con una molla e una massa a cui è applicata una spinta iniziale.

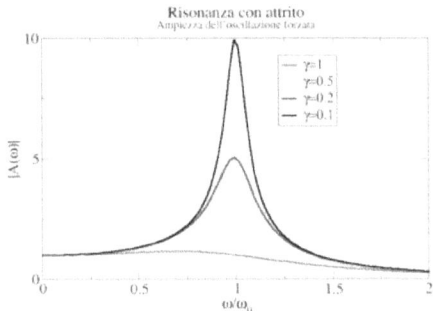

Analisi dell'ampiezza di oscillazione di un oscillatore armonico meccanico in presenza di una risonanza con attrito.

fisico teorico che lavorava al CERN; nell'articolo veniva descritto un modello meccanico di universo, nel quale mediante un opportuno fattore di scala, la materia sembrava prendere forma e acquistare massa da risonanze generate dalla sovrapposizione di onde elastiche nel mezzo. Le onde, generate da oscillatori armonici si propagavano in una specie di "nuovo etere" al quale erano state attribuite opportune proprietà. Il modello concretizzava con una sconcertante precisione le masse attese delle particelle elementari allora note: adroni, leptoni, pioni e persino le risonanze, particelle instabili dalla vita effimera, sembravano essere perfettamente previste. Quel modello sembrava poter essere utile. Seppur lontano dallo spirito della Bridge Theory mi stava dando uno spunto di riflessione. Ogni sorgente dipolare poteva essere considerata un oscillatore e forse pensare all'Universo come ad una cavità colma di oscillatori risonanti poteva non essere poi così sbagliato. In questo modo la massa delle particelle poteva essere determinata da interferenze costruttive stazionarie di onde armoniche di diversa frequenza.

Gianfranco non c'era più, aveva fatto appena in tempo a leggere i miei ringraziamenti personali sull'ultimo articolo e nel 2000 se n'era andato per sempre da quel mondo che fino all'ultimo aveva cercato con entusiasmo e passione di comprendere e spiegare.

Assumiamo per ipotesi la presenza nell'universo di uguali quantità di carica positiva e negativa. Queste generano una distribuzione di sorgenti di dipolo all'interno di uno spazio che per quanto grande possa essere è comunque limitato in estensione dal tempo trascorso a partire dal tempo zero sino ad oggi. Le sorgenti sono bosoni, seguendo la statistica di Bose-Einstein si comportano proprio come un gas di fotoni. Lo spettro che se ne ottiene, a differenza di quello previsto per un corpo nero classico, è composto da onde con frequenze limitate superiormente e inferiormente da energie corrispondenti al minimo e al massimo valore consentito della lunghezza d'onda. Infatti, la lunghezza d'onda di una sorgente è determinata in Bridge Theory dalla minima distanza d'interazione raggiunta dalle cariche che la formano, quindi il limite inferiore di energia dello spettro è in relazione con il tempo necessario ad una carica per entrare in "contatto" elettromagnetico con una carica compagna posta alla massima distanza compatibile con il raggio dell'universo. Il limite superiore invece è in relazione con la massima energia che può essere raggiunta prima che il campo gravitazionale, prendendo il sopravvento sul campo elettromagnetico della sorgente, lo faccia collassare determinando la soglia di "cut off" dello spettro. In questo senso l'Universo dovrebbe possedere, come in effetti possiede, uno spettro di energia compatibile con lo spettro di Planck. Il problema è prevederne la temperatura.

La curiosità maggiore consisteva nella capacità della sorgente di sopravvivere come tale sino ad un'elevatissima energia di soglia, oltre la quale però scompariva al di sotto dell'orizzonte degli eventi di Swartzchild. La sorgente, in questo particolare stato, non solo non emette più onde elettromagnetiche, ma diventa un vero e proprio black-hole dal quale nulla può più uscire se non in particolarissime condizioni. Questo evento può verificarsi solo ad energie talmente elevate da non essere raggiungibili nemmeno con LHC, perché corrispondenti ad una lunghezza d'onda della sorgente minore o uguale alla lunghezza di Planck: la minima dimensione possibile del nostro universo primordiale, il "germe" del modello "a

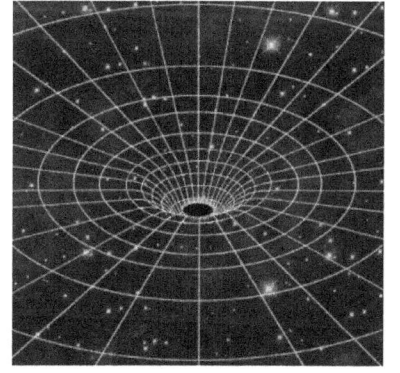

Rappresentazione dell'orizzonte degli eventi di Swartzchild.

bolle" che avevo presentato nel 92 e lasciato nel cassetto.

Al di sotto dell'orizzonte degli eventi, la ex sorgente verrebbe trasformata in un micro-black-hole (MBH), uno strano bosone "singolare", nel senso che tutta la materia è compattata in un granello di un decimilionesimo di chilogrammo, spin zero e diametro dell'ordine di 10^{-35} m. Quale strumento potrebbe percepire gravitazionalmente oggetti così piccoli? Sicuramente nessuno, potrebbero però essere indirettamente osservabili tramite effetti gravitazionali collettivi prodotti dai MBH sulla materia ordinaria o da impatti di questi con nuclei di materia, dando origine a effetti secondari ancora sconosciuti o invece talmente conosciuti da non essere sospettabili. Qui è vero, siamo nel campo della cosiddetta "speculazione", ovvero per quanto matematicamente corretto, nessuno può dimostrare che quanto è affermato è fisicamente vero. Esistono però numerose e famose teorie di moda, una per tutte la "teoria delle stringhe", per le quali al momento nessuno affermerebbe che quanto predetto è fisicamente vero, ma nemmeno che si tratti di sola fantasia.

2704 BATSE Gamma-Ray Bursts

Gamma-ray bursts come from all directions.
Distribuzione cosmica di eventi.

Proviamo allora anche noi ad immaginare quali potrebbero essere le evidenze fisiche dell'esistenza di tali MBH. Allo stato attuale, i fenomeni cosmologici e astrofisici che richiedono ancora una spiegazione certa in quanto molteplici possono essere le loro origini, sono i misteriosi Gamma–Ray-Bursts (GRB), detti anche flash gamma. Consistono in lampi di luce generalmente prodotti con uno spettro ad altissima energia, quasi sempre ma non sempre completamente fuori dalla finestra delle frequenze del visibile. I flash gamma compaiono in luoghi dell'universo a caso, a volte anche in prossimità di lontanissimi quasar, abbozzi primordiali delle attuali galassie, ma non sono mai

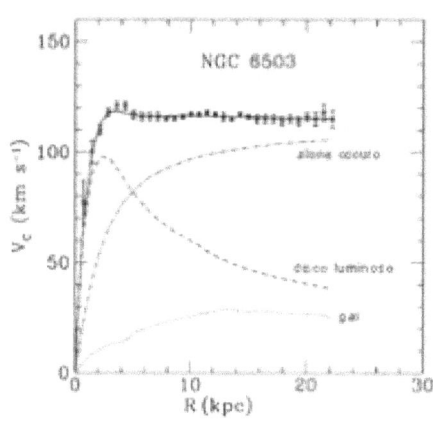

Rotazione anomala del disco galattico di NGC 6503.

necessariamente associati a precisi corpi stellari. Esiste poi la rotazione anomala delle galassie intorno al proprio asse: le galassie evidenziano una rotazione intorno al proprio centro galattico come se la materia fosse uniformemente distribuita su tutto il disco galattico anziché concentrata per la maggior parte nel nucleo come appare nelle osservazioni ottiche.

Misurazioni di altissima precisione, dimostrano infatti che la materia visibile è solo il 10% di quella gravitazionalmente attiva. La materia non visibile, la cosiddetta materia oscura è invece il 90%. Quale sia la sua natura effettivamente non si sa e molte sono al momento le ipotesi.

Ipotizziamo perciò anche noi, come feci durante il congresso della Società Italiana di Fisica nel 2006, che i MBH siano le componenti principali della materia oscura. Data l'elevata energia necessaria per produrli, questi dovrebbero essersi prodotti in un periodo anteriore al primo minuto di evoluzione del nostro universo. Infatti, solo allora l'alta temperatura potrebbe aver favorito sia la loro formazione che la loro instabilità. Le loro piccole dimensioni potrebbero poi avergli permesso una rapida "evaporazione" della massa mediante l'emissione di radiazione gamma in equilibrio termico con materia adronica e leptonica, entrambe potenzialmente racchiuse al loro interno, non dimentichiamo infatti, che la natura dei MBH è bosonica. Un bosone ha in generale spin intero, un MBH è un bosone pseudo scalare con spin zero, quindi perfettamente compatibile dal punto di vista dell'emissione con coppie di bosoni a spin nullo e intero (-1, 0, +1) come fotoni e bosoni mediatori W e Z e con coppie di fermioni con spin semintero (+1/2, -1/2) come i quark e i leptoni.

Le evidenze più remote di questa rapida

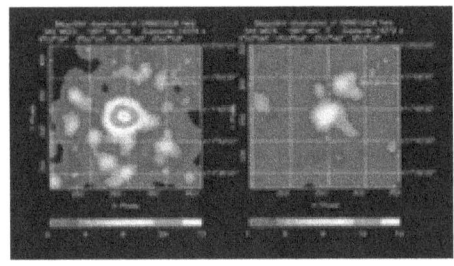

Immagine di un GRB nella banda ottica.

Il GRB nella banda X più luminoso di sempre.

evaporazione potrebbero essere proprio le micro-onde del fondo cosmico a tre gradi kelvin, mentre i misteriosi GRB potrebbero costituirne le evidenze più recenti. Il raffreddamento progressivo dell'Universo a temperature locali prossime allo zero assoluto, può successivamente aver ridotto la frequenza attuale di evaporazione, limitandola ad un'età evolutiva dell'universo compatibile con la distanza delle galassie in formazione, favorendo in epoca più recente l'agglomerazione gravitazionale dei MBH in nuovi condensati di Bose-Einstein, certamente più abbondanti nelle zone di frontiera della nostra bolla di universo e ai confini delle concentrazioni di massa ordinaria.

Gli agglomerati dovrebbero perciò essere più abbondanti dove minore è la materia ordinaria visibile, quindi proprio verso l'esterno del nucleo delle galassie, ed essere indirettamente osservabili proprio tramite l'anomalia rotazionale presente in tutte la galassie visibili. L'evidenza ottica e strumentale della loro esistenza potrebbe essere proprio data dai GRB prodotti durante l'evaporazione di parti consistenti di agglomerato bosonico.

Sicuramente questo è solo un quadro possibile che scaturisce dall'applicazione "speculativa" di una teoria ai confini della conoscenza. Se però fosse realtà fisica e non solo teoria? La materia oscura sarebbe la trama che delinea l'universo, mentre la materia ordinaria sarebbe solo un sottoprodotto ultimo e marginale della sua evoluzione.

ומומ

11. – Dalla Bridge Theory alla Meccanica Quantistica Relativistica

Nel 2003, dopo la presentazione dei primi risultati sul dualismo onda-materia al congresso della Società Italiana di Fisica svoltosi all'Università di Parma, mi sarebbe piaciuta un po' di curiosità e partecipazione in più da parte dei colleghi, invece ce ne fu molto poca. Ero abituato all'indifferenza che sempre di più, di anno in anno blinda i congressi. Davanti a te hai una platea di uditori che è sempre più difficile smuovere e tanto meno interessare, un po' perché non tutti sanno di cosa parli, un po' perché molti sono li per parlare o ascoltare amici e colleghi su argomenti di loro interesse e pochi per sentire cose nuove da sconosciuti, così il tempo che è già poco, diventa di volta in volta sempre più tiranno e le domande, non c'è più voglia e soprattutto tempo di farle, alimentando così sempre più l'indifferenza verso quelli che non sono i propri campi di ricerca. Sinceramente, non era certo questa grezza indifferenza che sognavo anni prima quando colmo di aspettative e passione per questo mestiere, più che sicuro di voler intraprendere la strada della ricerca scientifica, mi illudevo che quella dei fisici fosse una grande e accogliente famiglia. Su me stesso ho imparato che la diffidenza è un atteggiamento comune e innato in chiunque faccia ricerca, in me compreso, e che diffidare è importante proprio perché solo tramite la diffidenza si può discriminare ciò che è vero da ciò che è falso, ma è anche importante di fronte a nuove idee saper mediare la diffidenza con la razionalità, solo così può accadere di condividere un'idea che non ti appartiene.

In Bridge Theory, il dualismo non appariva certamente dogmatico come quello presentato dall'interpretazione di Copenaghen del 1924.

Stampa ottenuta da cliché in legno. Pubblicata la prima volta nel 1888 sul libro di Camille Flammarion:

"L'atmosphère: météorologie populaire"

Secondo la Meccanica Quantistica, luce e particelle hanno un medesimo comportamento duale: se non interferiscono con un sistema di rivelazione si propagano come onde, ma nel momento in cui vengono osservate la loro interazione con la materia del sistema di rivelazione si manifesta in modo localizzato. Perciò se da una parte la meccanica newtoniana e la relatività di Einstein sono compatibili con una descrizione corpuscolare della materia e l'elettromagnetismo maxwelliano con una descrizione ondulatoria della luce, la Meccanica Quantistica rimescola le carte assegnando a luce e materia una duplice natura.

Onda elettromagnetica.

A complicare ulteriormente le cose, c'è il fatto che mentre la natura ondulatoria della luce è associata ad un'onda elettromagnetica, la natura delle onde di materia è associata ad onde di densità di probabilità di osservazione, ovvero le onde di materia sono onde "vuote" che non trasportano energia e impulso, ma solo la probabilità di osservare una particella in una certa posizione dello spazio con una certa energia e un certo impulso sotto forma di materia corpuscolare.

Questa descrizione pur presentando una notevole eleganza formale, oltre che una ottima capacità previsionale, presenta incongruenze non trascurabili e una totale mancanza di simmetria nel comportamento duale della luce e della materia. Infatti la relatività di Einstein ha provato due fatti incontrovertibili: (1) la materia è solo una forma "condensata" di energia; (2) i fotoni, pur essendo particelle di luce, al pari della materia sono deviati dalla forza di gravità, quindi la luce è materia; ora, dato che è assodato che la luce è un fenomeno elettromagnetico e si propaga per onde descritte dalle equazioni di Maxwell, perché allora la materia dovrebbe propagarsi per onde di densità di probabilità e non per onde elettromagnetiche? Perché la materia non dovrebbe essere parente più stretta della luce?

Meccanica relativistica ed elettromagnetismo sono teorie che descrivono rispettivamente il comportamento della materia in termini corpuscolari e il comportamento della luce in termini ondulatori, perciò il dualismo dovrebbe poter coinvolgere solo queste due fenomenologie senza dover scomodare nuovi assiomi che, oltre ad essere estranei al contesto meccanico-elettromagnetico, introducono incolmabili fratture concettuali nella coerenza del contesto teorico.

In Bridge Theory invece, tutto è perfino troppo semplice. La natura stessa della sorgente è compatibile sia con la produzione di un'onda elettromagnetica che con la localizzazione di energia e quantità di moto equivalenti a quelle di un quanto; però è soprattutto la possibilità di produrre una distribuzione spazio-temporale di sorgenti ad essere determinante nel realizzare il dualismo onda particella. Infatti è la moltitudine di sorgenti secondarie di dipolo, prodotte nella polarizzazione del mezzo durante il transito di un'onda elettromagnetica a creare i fotoni assorbiti da un metallo durante l'effetto fotoelettrico o, durante il transito di una particella carica, a convertire in onde elettromagnetiche l'energia e la quantità di moto trasportata: onde la cui sovrapposizione realizza l'inviluppo del "pacchetto d'onde" che descrive la propagazione della particella stessa dal punto di vista ondulatorio.

Un punto ancora cruciale, la cui soluzione mi sembrava però avviata, era il raggiungimento di un formalismo che permettesse di accordare formalmente e concettualmente le due meccaniche, quella Relativistica e quella Quantistica. Mia ferma convinzione infatti era ed è che entrambe le teorie siano pienamente valide, ma che alcuni concetti di fondo debbano essere perlomeno aggiornati.

Cominciavo a percepire una certa solitudine intellettuale, la maggior parte dei colleghi non avevano interesse a mettere in discussione le proprie conoscenze e tantomeno la propria reputazione. Addirittura lo stesso Mario Iannuzzi, pur "tifando" per il mio lavoro, non avrebbe mai rischiato di mettere il suo nome su un mio articolo. Troppo pericoloso. Il punto fondamentale era sempre lo stesso messo già in evidenza da Nicola Cabibbo anni prima. A cosa serve rivedere concetti e teorie che funzionano già bene così? Questa domanda, nella varietà delle sue possibili variazioni era quella che mi veniva posta più frequentemente, anche se sempre più sovente anche con un pizzico di ironia, la mia risposta, paziente e garbata era ed è sempre stata la stessa: "... *dato che Meccanica Quantistica e la Relatività pur essendo incompatibili funzionano molto bene insieme, trovatemi un buon motivo per non chiedersi il perché*".

Nel 2004 ero riuscito in tempi da record a scrivere un lavoro da presentare al congresso della Società Italiana di Fisica. Avevo trovato una via per ottenere un'equazione d'onda che rispondeva a tutte le richieste della Bridge Theory. L'equazione, ideale per descrive in termini duali la propagazione per onde della materia, funzionava ugualmente bene per onde associate a particelle "materiali" che per onde elettromagnetiche. In Bridge Theory non avrebbe potuto essere altrimenti, perché solo l'elettromagnetismo può unificare sotto un'unica fenomenologia quantistico-relativistica tutto ciò che ha che fare con la propagazione e l'interazione di materia e luce.

L'equazione di conservazione energia-impulso nella transizione tra la fase d'interazione di una coppia particella-antiparticella e la sorgente, si stava dimostrando la chiave di volta nella comprensione del principio di relatività. Infatti, in Bridge Theory risultati equivalenti a quelli relativistici li avevo ottenuti proprio a partire da questa equazione. Una lettura sperimentale del processo d'interazione e di osservazione, permetteva di mettere in evidenza che differenti osservatori a riposo di una medesima sorgente, se disposti in punti differenti dello spazio, misurano differenti valori di energia e impulso associati al moto relativo trasversale della sorgente rispetto alla direzione di osservazione, mentre lungo la direzione di osservazione misurano un'emissione elettromagnetica per cui il rapporto tra energia e impulso osservato è pari alla velocità della luce. Per la conservazione dell'energia e della quantità di moto, ciò comporta che differenti osservatori inerziali della medesima sorgente-fotone, osservino emissioni con energie differenti in base alla loro sistema di riferimento. Provai perciò utilizzando il principio di corrispondenza ad usare anche questa volta la stessa equazione e ... "bingo", l'equazione era perfettamente soddisfatta sia da onde elettromagnetiche pure, che da onde che descrivevano particelle materiali. L'accordo con l'ipotesi di de Broglie era totale. Questa nuova equazione aveva però un ulteriore vantaggio: a seconda delle condizioni al contorno, poteva essere facilmente trasformata sia nell'equazione di Schrödinger che nell'equazione di Klein-Gordon per una particella libera, quindi da questa essere ricondotta all'equazione di Dirac. Forniva anche una nuova e particolare equazione d'onda, che oltre ad accordarsi con le previsioni quantistiche e relativistiche, dava una descrizione spazio-

Paul Dirac

temporale lineare alternativa, nella quale gli effetti relativistici comparivano in tutta la loro evidenza.

Ↄ⅃Ↄ

12. – Il modello atomico.

Di problemi da risolvere, volendo, c'è n'erano a non finire, ma tutte applicazioni o semplici esercizi che non valeva la pena trasformare in articoli. La realizzazione del modello atomico era però ancora un "problema" e pure grosso.

Sia nel 1985 che nel 1992, durante due differenti conferenze mi venne fatta, anche se con toni molto diversi, la stessa imbarazzante domanda. La prima volta mi venne chiesto se una sorgente dipolare poteva in qualche modo giustificare il modello atomico; io risposi che a quello stadio del lavoro, il modello permetteva di comprendere la natura della quantizzazione e l'origine del fotone oltre a calcolare teoricamente "solo" ... si fa per dire, il valore della costante di struttura fine e conseguentemente la costante di Planck. Sette anni dopo però, quando ero decisamente più avanti nel lavoro di ricerca, ma non ero ancora riuscito a pensare a qualcosa di ragionevole che mi permettesse di giustificare la struttura di un atomo, un dottorando al termine di una mia conferenza organizzata da Gianfranco presso il dipartimento dell'Università di Torino, con una smorfia beffarda mi disse: *"mi scusi, ... che giustificazione darebbe lei al fatto che se la sorgente di dipolo localizza un fotone per qualunque valore di distanza d'interazione tra particelle di segno opposto, allora nucleo ed elettrone dovendo emettere energia con continuità non potrebbero formare atomi stabili?"* Sapevo che la domanda era mal posta perché una sorgente quantizzava l'energia ma non avevo mai affrontato il modello atomico, non sapevo che rispondere, risposi semplicemente "non so".

Una soluzione al problema arrivò solo ben dodici anni dopo. Nel 2004 mi contattò via e-mail un

Elettrone carico negativamente

Nucleo carico positivamente

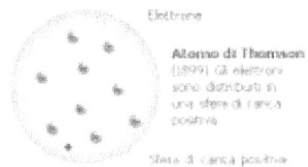

Atomo di Thomson. Gli elettroni sono distribuiti in una sfera di carica positiva.

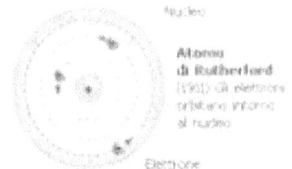

Atomo di Rutherford. Gli elettroni orbitano intorno al nucleo.

avvocato di Trieste, Ugo Fabbri, un pensatore appassionato di fisica. Aveva trovato il mio indirizzo e-mail sul web. Da alcuni anni stava lavorando a delle sue idee sull'origine e sulla struttura degli atomi e non essendo del mestiere, voleva avere da me qualche buon consiglio. Quando mi presentò il lavoro, ad una prima lettura mi sembrò più un elogio alla metafisica. Molte descrizioni, poca matematica, un po' di geometria e molte inesattezze rispetto alle comuni conoscenze della fisica. La cosa che mi colpì di più, fu il tentativo di dare una giustificazione al valore della costante di struttura fine che contrastava però con il mio punto di vista: alfa era il mio campo di ricerca.

Inizialmente pensai che il mio compito si esaurisse nel suggerirgli un metodo da seguire, delle correzioni e quali aspetti trattati potevano avere un futuro. Però non era questo che Ugo voleva. Dopo uno scambio di e-mail compresi che Ugo avrebbe voluto coinvolgermi nel suo lavoro e soprattutto convincermi della bontà delle sue idee. Mi convinse solo a contattare Giuseppe Basile, un ricercatore dell'Istituto Nazionale di Ricerca Metrologica del CNR di Torino che aveva già contattato lui tempo prima. Accettai. Con Giuseppe nacque subito un rapporto amichevole e mi feci facilmente convincere che in quelle note poteva nascondersi qualcosa di interessante da studiare.

Me la presi con comodo, ma a dicembre del 2005 avevo terminato. Un paio di cose sembravano interessanti, nessuna delle due era formalizzata in termini matematici accettabili, in entrambe comparivano dei calcoli privi di un'adeguata introduzione ma sufficientemente espliciti. Mi accorsi che certi ragionamenti fatti sui livelli atomici utilizzavano la geometria e che certe

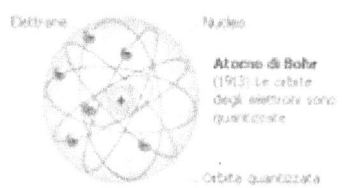

Atomo di Bohr. Le orbite degli elettroni sono quantizzate.

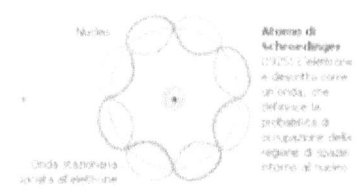

Atomo di Schroedinger. Gli elettroni sono descritti da onde di probabilità.

formule non erano altro che applicazioni più numerologiche che fisiche del teorema di Pitagora. Queste riproducevano alcuni risultati tipicamente relativistici per un elettrone orbitale. Sebbene uno dei punti fondamentali degli scritti di Ugo fosse l'assunzione a priori del valore di 1/137 come esatto, quindi di 137 come reciproco della costante di struttura fine, assunzione assolutamente in contrasto con tutte le teorie standard, con i risultati ottenuti per via sperimentale e anche con quelli ottenuti da me per via teorica, c'era comunque una logica.

Mi incuriosì il fatto che il cosiddetto fattore relativistico "beta", dato dal rapporto tra velocità di una particella e la velocità della luce, per l'elettrone orbitale fondamentale di un atomo di idrogeno Ugo l'aveva posto proprio uguale alla costante di struttura fine. Non riuscivo a capirne il motivo. Cercando di comprendere i suoi ragionamenti, riflettei su quanto sia Ugo che Giuseppe asserivano.

Assumendo come modello esemplificativo l'atomo di Bohr, nel quale gli elettroni ruotano intorno al nucleo su orbite definite quantizzate, un po' come i pianeti intorno al Sole, non c'erano grandi problemi, introducendo però l'ipotesi ondulatoria di Louis de Broglie e passando al modello di Schrödinger, l'elettrone può restare sulla stessa orbita solo se l'onda che lo descrive inizia e conclude un certo numero di cicli raccordandosi sempre in uno stesso punto. L'orbita atomica deve perciò contenere un numero intero di lunghezze d'onda, esattamente come la corda vibrante di un violino. Se così non fosse, l'onda non sarebbe stazionaria e ciò porterebbe ad una perdita di energia dell'elettrone e ad una instabilità dell'atomo. Scegliendo per esempio l'orbita fondamentale di Bohr per l'atomo di idrogeno, il

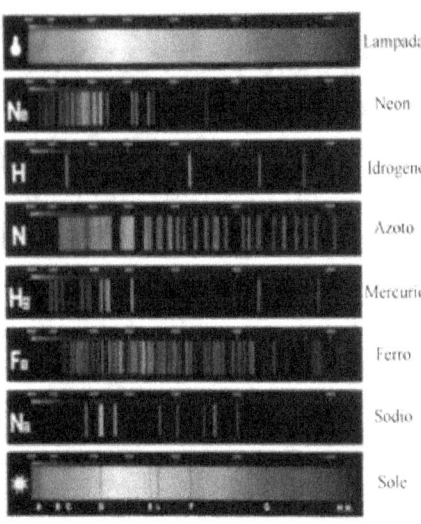

Spettri atomici.

rapporto tra la circonferenza dell'orbita e la lunghezza d'onda di un elettrone a riposo, chiamata lunghezza Compton dell'elettrone, è proprio uguale al reciproco della costante di struttura fine: sembrava che Ugo in qualche modo avesse ragione, ovvero che nell'orbita fondamentale ci debbano proprio essere 137 cicli ondulatori completi e che quindi possa essere proprio quello il significato profondo della costante di struttura fine. Ma non è così. Prima di tutto il modello di Bohr, detto semiclassico è solo un'approssimazione della realtà, poi non è sull'onda Compton dell'elettrone che occorre fare i conti ma sull'onda di de Broglie, la cui lunghezza è una grandezza relativistica, cioè varia in funzione dell'osservatore inerziale. Comunque la questione mi permise di ragionarci in termini di Bridge Theory applicando il metodo delle sorgenti al sistema *elettrone – ione atomico* ottenni dei risultati interessanti.

Considerando dal punto di vista della Bridge Theory il problema della formazione di un atomo mediante il processo di cattura elettronica da parte di un nucleo o di uno ione, mi accorsi che il fattore beta dell'elettrone catturato è effettivamente proporzionale alla costante di struttura fine. In particolare è uguale alla costante di struttura fine moltiplicata per il rapporto tra carica residua dello ione e numero delle volte che l'energia scambiata tra ione ed elettrone è multipla dell'energia della sorgente prodotta, cioè dell'energia del fotone localizzato durante l'interazione. Nel caso particolare di un atomo di idrogeno nello stato fondamentale, la velocità orbitale dell'elettrone risultava essere proprio la costante di struttura fine come Ugo non si sa come aveva predetto, ma quella vera e non 1/137. Una verifica teorica della bontà di questo risultato, si poteva però avere solo confrontando i valori spettrali simulati tramite il modello atomico ottenuto, per la verità assai complesso, con in dati sperimentali.

Con Giuseppe esaminammo e confrontammo gli spettri atomici ottenuti teoricamente con gli spettri atomici sperimentali relativamente a ioni e atomi neutri per differenti numeri atomici. In ogni caso esaminato e senza dover introdurre alcun correttivo, i risultati ottenuti con il modello ricalcavano perfettamente le misure spettrali. Nel 2006, se pur brevemente, comunicai i risultati al congresso della Società Italiana di Fisica di Torino. Senza battere ciglio e senza domande la platea ascoltò.

נננ

13. – Lo sviluppo della Bridge Theory.

Nel 2007 avevo tanto materiale nuovo da poter produrre altre cinque o sei pubblicazioni. Pubblicare su riviste scientifiche internazionali è sempre stato l'unico mezzo per l'affermazione del lavoro di un ricercatore e se da una parte la pubblicazione è essenziale per far conoscere ad altri i risultati raggiunti, dall'altra è il contenuto della pubblicazione e non la pubblicazione in sé ad essere importante. Per pubblicare un lavoro scientifico il sistema più comunemente usato da quasi tutte le riviste internazionali, quelle considerate più affidabili e prestigiose, è quello della *peer review,* cioè della revisione dei pari: uno ma più frequentemente due o anche tre colleghi di cui non è nota l'identità si assumono il ruolo di referenti affrontando lo studio e la correzione dell'articolo giudicandolo degno o meno di pubblicazione.

Non è mia intenzione criticare il metodo perché lo ritengo validissimo, però la peer review non è sempre il metodo più adatto all'affermazione di nuove idee perché difficilmente si trovano fisici in grado di giudicarle con obiettività. Se l'anonimato che protegge solitamente i *referee* li mette al riparo dal rischio di essere giudicati incompetenti nel caso decidessero o non decidessero erroneamente per la pubblicazione, esiste però sempre il giudizio della rivista nell'eventualità che il lavoro venisse successivamente pubblicato da altri. Nel dubbio allora è sicuramente più semplice rifiutare un articolo a monte, prima che entri nel processo di peer review, tanto un motivo lo si trova sempre, vuoi perché l'articolo non è proprio adatto al taglio scientifico di quella particolare rivista, vuoi perché non si trovano referee che accettano l'incarico, vuoi perché gli stessi editor ti consigliano un'altra rivista che meglio si adatta al

contenuto dell'articolo, vuoi perché gli articoli in bibliografia, se pur pubblicati su riviste di fama internazionale non hanno citazioni adeguate. Intanto il tempo passa e per pubblicare un solo lavoro non standard ci vogliono a volte anni con un'enorme perdita di tempo. Proprio per ovviare ai tempi morti, in questi ultimi anni si è affermato un nuovo metodo di pubblicazione scientifica che si basa sul sistema dell'*endorsement,* più agile e con meno responsabilità da parte dei garanti ma anche con più rischi sulla diffusione: all'*endorser* è solo richiesto di garantire la serietà scientifica dell'autore, più che quella del contenuto dell'articolo.

A marzo del 2008 ritenni che fosse arrivato il momento di presentare l'avanzamento dei lavori sul modello atomico e sulle costanti fondamentali presso l'Istituto Nazionale di Ricerca Metrologica: l'INRIM. Gli ultimi risultati sul modello atomico ottenuti a partire dalla conoscenza della natura della costante di struttura fine e della struttura della sorgente, aprivano nuovi scenari interpretativi assai interessanti.

Giuseppe mi aiutò a organizzare la conferenza nel suo istituto. Sapevo che nell'ambiente dell'INRIM qualcuno non condivideva il mio lavoro, ma dopo ventinove anni di ricerca e numerose pubblicazioni su riviste internazionali che seguivano il sistema della peer review e sulle quali non era affatto facile pubblicare, mai avrei pensato che ad essere messi in discussione non fossero gli ultimi risultati presentati al congresso della Società Italiana di Fisica e ancora da pubblicare in un regolare articolo, cioè proprio l'argomento di cui avrei dovuto parlare in quella conferenza, bensì i lavori già pubblicati e le scoperte ormai consolidate.

Dopo i primi cinque minuti durante i quali avevo

95

iniziato a fare un quadro generale della teoria per coloro che ancora non la conoscevano, dal margine della platea si alzò una mano e mi venne garbatamente chiesto se ero d'accordo a permettere degli interventi di chiarimento immediati, anziché a fine conferenza, ovviamente dato il tema non facile che avrei dovuto trattare accettai di buon grado ma questa mia apertura si rivelò un terribile errore. Da quel momento in avanti la conferenza si trasformò nell'incubo peggiore della mia esperienza di ricercatore. Venni immediatamente attaccato: un paio di colleghi con arroganza e tanta maleducazione mi accusarono di non aver seguito il normale approccio all'analisi dinamica dell'interazione, ovviamente quello che loro dicevano che avrei dovuto seguire era il metodo standard, quello che loro ritenevano più opportuno ma che io non avrei mai potuto seguire. Cominciarono con il criticare ogni cosa interrompendomi e rubandomi il poco tempo; impedendomi di fatto con polemiche interminabili di procedere con la conferenza.

Cercai il più possibile di mantenere la calma e soprattutto l'educazione, nonostante alcuni tentativi di riprendere il controllo della conferenza non mi fu possibile spiegare che quei risultati sui quali questi due colleghi con lo stupore della platea si stavano accanendo erano da considerare conoscenze consolidate, perché pubblicate con successo ben vent'anni prima su giornali specialistici internazionali al massimo della selettività.

ﬡ ﬡ ﬡ

14. – Conclusioni.

Sulla scrivania una pila di fogli con annotate formule e calcoli matematici; le scansie ricolme di libri, articoli di fisica un po' ovunque; un piccolo blocco di fogli bianchi con una matita perfettamente temperata, questo vedono gli occhi ma non la mente. Spazi immensi, galassie in formazione, nubi di gas interstellare con variegature di colore dal rosso al blu, rese ancor più luminose e irripetibili da un piccolo ammasso aperto di stelle giovani appena entrate in sequenza principale. Jet di materia ionizzata, nuclei atomici in fuga dalle superfici stellari, accelerati dal campo magnetico percorrono traiettorie a spirale emettendo radiazione gamma ad alta energia. Buchi neri in rapida rotazione catturando sempre più materia diventano veri e propri vortici, motori gravitazionali per futuri abbozzi di neonate galassie. Scattering di particelle, flash di luce e radiazione prodotta da annichilazioni materia-antimateria, atomi in formazione, tutti spettacoli che vanno al di là di quanto sia umanamente visibile e a cui tutti noi abbiamo il privilegio di poter assistere con gli occhi dell'immaginazione, pagando solo il piccolo prezzo della razionalità. Uno spettacolo che a coloro che pensano che matematica e fisica non servano a nulla o che peggio ancora siano noiose, auguro di poter almeno una sola volta intravedere.

Sono trascorsi più di trent'anni da quando ancora studente iniziai quest'avventura. Partendo da un dipolo elettrico ho oltrepassato molte frontiere avventurandomi nei campi della meccanica quantistica, della relatività, ipotizzando un particolare stato di materia oscura che circonderebbe le galassie e permeerebbe il nostro Universo. Ho affrontato il problema del modello atomico, confrontando i risultati con la realtà spettroscopica della materia, ma tanto c'è ancora da fare. Spesso mi sono sentito solo nell'affrontare ostacoli che mi sembravano insormontabili, ma ancor più spesso ho avuto dei fantastici compagni d'avventura con cui ho condiviso successi, emozioni, felicità e delusioni.

In tutti questi anni mai mi sono pentito di aver regalato alla Bridge Theory così tante energie, in cambio cosa ho avuto? Sicuramente un Universo più comprensibile di quanto lo fosse prima: e ora? Ora non è finita qui. Sono ancora tantissime le domande che attendono una risposta e tante le risposte che devono ancora essere date. Ho sempre creduto che l'universo in cui abitiamo, il nostro "tutto", un'origine l'abbia avuta e dato che può essere nato solo dal nulla e il nulla per definizione non può essere troppo complicato, la migliore delle teorie che può descriverlo deve essere necessariamente la più semplice, completa, autoconsistente e soprattutto non deve partire da principi poco convincenti perché non veramente elementari. Tutte qualità che la Bridge Theory sembra avere. Ora, dato che non ci sono motivi per non farlo, la ricerca continua.

Una teoria è solo un'immagine parziale e sbiadita di una realtà che nessuno può conoscere, ma che anche ad occhi chiusi la mente è in grado di comprendere, sarebbe un vero peccato proprio ora chiudere la mente.

טּטּטּ

Bibliografia Generale a tutto il 2011

[1] M. Auci "*Natura fisica del fotone nella teoria elettromagnetica*". Atti del LXXII congresso SIF, Padova (1986).

[2] M. Auci "*A conjecture on the physical meaning of the transversal component of the Poynting vector* " Physics Letters A 135 n.2 (1989) 86, Amsterdam 13/02/1989.

[3] M. Auci "*A conjecture on the physical meaning of the transversal component of the Poynting vector (II): bounds of a source zone and formal equivalence between the local energy and the photon.*" Physics Letters A 148 n.8-9 (1990) 399, Amsterdam 3/09/1990.

[4] M. Auci "*A conjecture on the physical meaning of the transversal component of the Poynting vector (III): conjecture proof and physical nature of the fine structure constant.*" Physics Letters A 150 n.3-4 (1990) 143, Amsterdam 5/11/1990.

[5] M. Auci, G. Dematteis. "*Effetto di red-shift autogravitazionale nella produzione di un fotone da parte di una sorgente elettromagnetica*". Congresso SIF Pavia (1992).

[6] M. Auci "*Espansione apparente dell'Universo per effetto di un red-shift misurabile nella propagazione della luce*". Congresso SIF, Pavia (1992).

[7] M. Auci, G. Dematteis, "*An Approach to Unifying Classical and Quantum Electrodynamics*". International Journal of Modern Physics B, 13 n.12 (1999) 1525-1557, Singapore.

[8] M. Auci, "*The Wave-Matter Dualism in Bridge Theory*". Atti del LXXXIX congresso SIF, Parma, 140 (2003).

[9] M. Auci, "*Schrödinger and Klein-Gordon Equations in the Bridge Theory Description of a Dipolar Electromagnetic Source*". Congresso SIF, Brescia (2004).

[10] M.Auci, G.Basile, U.Fabbri,"*Fundamentality of the Sommerfeld's fine-structure constant in Bridge Theory and Consequences on the Atomic Model*". Congresso SIF, Torino (2006).

[11] M.Auci, "*Self-Gravitational Red Shift Effect and Micro-black holes production in dipolar electromagnetic sources*". Congresso SIF, Torino (2006) and Cornell University, arXiv (2009): 0902.0776

[12] M.Auci, G.Basile, U.Fabbri,"*Fundamentality of the Sommerfeld's fine-structure constant in Bridge Theory and Consequences on the Atomic Constants*". Cornell University, arXiv (2009): 0901.2794

[13] M.Auci, "*On the compatibility Between Quantum and Relativistic Effects in an Electromagnetic Bridge Theory*". Cornell University, arXiv (2010): 1003.3861

[14] M.Auci "*Wave-Particle Behaviour in Bridge Theory*". Cornell University, arXiv (2011): 1201.4577

Note:

Note: